U0332195

怎么做，你家猫狗不生病？

CATS & DOGS
NOT GET SICK

怎么做你家猫狗不生病?

狗狗猫咪的家庭预防医学百科

蔡逸政 / 著
蔡维中

CATS & DOGS NOT GET SICK

江苏凤凰文艺出版社
JIANGSU PHOENIX LITERATURE AND
ART PUBLISHING, LTD

目录

PART 1

宠物到底要不要绝育？

PART 2

太重要了！每个猫奴一定要知道的事！

PART 3
太重要了！每个狗主一定要知道的事！

PART 4
医患关系你我它

PART 5
生活中常见的危险因素

PART 6
把握宠物就诊时机

PART 7
宠物送急诊

PART 8
可能会传染给人的猫狗疾病

PART 9

宠物也可以看中医

附录

品种高发疾病

作者序一
蔡逸政

对现代人来说，宠物就是家庭的一分子，甚至比家人还要亲。我们总是希望宠物能永远陪伴在身边，但事实上不管是狗还是猫，它们的平均寿命都无法与人类相比，大部分的宠物只能陪伴您度过人生中那宝贵的十多年。

笔者从兽医学系毕业后，便任职于配有 24 小时重症加护病房的动物医院。在这段岁月中，我看着身患重症的动物来来去去，陪着深爱宠物的家属们经历生离死别。医疗的进步的确让以往很多无法治疗的绝症有了新的治疗契机，但就像有句话说的，如同园丁无法改变春夏秋冬，医生也无法改变生老病死，医生只是生命花园的园丁，只能在生老病死之间，让人活得好看一点，尽量减少身体或是精神的痛苦，关键只是"尽力"而已。

人医如此，宠物医生亦是。有些时候，我们治愈疾病；有些时候，我们束手无策，只能告知宠物的寿命快到尽头，陪着宠物和主人走完最后一段岁月。

　　在门诊向宠物主人解说病况后，我经常听到的回复是"早知道会这样，当初就该×××""如果早点×××就不会……"虽然当时往往不忍心直说，但事实也确实如同他们所懊悔的那般，悲剧的形成往往从一个基本观念的差池开始，而即使是预后良好的疾病，拖久了一样会致命。

　　虽说"千金难买早知道"，但写这本书的目的，就是希望宠物主人们不用花费千金，只需花一点阅读时间，就可以"买到早知道"。少花点钱看病，也能得到更多与宠物相处的幸福时光，而不是当小病拖成大病，甚至酿成悲剧，才来怨叹早知道该多好。希望本书能够让宠物主人们避免不必要的遗憾和金钱损失。

　　从您和宠物邂逅的那一刻起，专属的幸福旅程便已展开，笔者成为宠物医生并撰写本书，就是希望为您保有并尽可能地持续这份幸福！

作者序二
蔡维中

在成为一名宠物医师之前，我首先是一个经验丰富的患者。

大学二年级到三年级的那个暑假，我意外发现了长于左侧肾脏的恶性肿瘤，就此走上了为期两年的抗癌之路。一年化疗，两次腹腔手术，单侧肾脏摘除，两度感染败血症，一次病危通知。在这段恍如梦境的时间里，我埋怨过医生，也曾从治疗中逃走，但是最终，仍是医疗拯救了我。直到渐渐地我也成了一个医者，才理解了医学的知识封闭性是如何在病人、家属与医师之间划下鸿沟的。

面对宠物的健康和医疗，宠物医生和宠物主人的努力缺一不可。期望本书在提供知识并预防憾事之余，也能够充当医者与宠物主人之间的桥梁，成为双方达成共识的起点。唯此，才能更完善地守护猫猫狗狗的健康快乐。

PART 1 >

宠物：多多

年龄：4岁3个月

主人：蕊蕊和喽喽

宠物到底要不要绝育？

动物绝育与否，各有其好处与坏处，每个宠物主人的考虑亦不相同。宠物到底要不要绝育，并没有真正放诸四海而皆准的答案。然而身为临床宠物医师，我们在门诊见到了太多的案例，因为主人早年未帮宠物绝育，直到发生后遗症才花一堆钱看病，让宠物无端经历生死难关，而且最终结果还是必须绝育。

宠物绝育与否，建议充分了解利弊后再作决定。从宠物医师的专业角度出发，帮宠物绝育的考虑重点如下：

❶ 母狗、母猫倾向建议在年轻时绝育。

❷ 公猫倾向建议在年轻时绝育（公猫不绝育常见的问题，请参考第 6 页）。

❸ 公狗绝育与否视个体情况而定。

❹ 依特定品种及身体状况，可能有额外的因素需要考虑。

❺ 不管公或母，还是猫咪或狗狗，大部分宠物在绝育后，会减少同性相斥、异性相吸这类生理支配行为的冲动，个性也会较为稳定。

以下分别介绍猫狗绝育与不绝育常见的问题，供宠物主人们当作考虑依据。

母猫不绝育常见的问题

🦴 发情

母猫发情期会叫春，可能吵到全家晚上都无法入眠，甚至连邻居可能都会来抗议。母猫一旦开始发情，这样的行为就会持续几天至一周的时间，而在发情季节，猫咪可能几个礼拜就会发情一次。

这个阶段的猫咪会有逃家的念头，一旦外出的话问题会更多，如跟其他流浪猫狗打架、被车撞、怀孕等，走太远的话甚至会迷路找不到家。

发情的母猫

🦴 子宫蓄脓

子宫蓄脓是指细菌在子宫内增殖，以子宫为大本营进军身体其他地方，引起全身性的发炎、器官衰竭、败血症，甚至死亡。这种病通常在发情后数周到数月内发生，越早发现、治疗，死亡率越低。

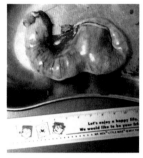

蓄脓的子宫（图片提供：陈怡铨医师）

要注意的是，因为猫咪发情时常会扰人安宁，所以网络上有些文章教主人用棉棒伸入猫咪的生殖道刺激排卵，暂时减缓猫咪的发情行为，但这种做法会引起猫咪激素的变化，继而改变子宫环境，会增加子宫蓄脓的可能性。

较幸运的情况是，在疾病早期就发现猫咪的外阴有脓血状的分泌物，这个阶段的疾病可能还没开始造成其他器官的损伤；但如果运气不好，子宫里的脓汁没有流出来，可能一直到猫咪的肚子胀大、虚弱，以至影响到精神食欲的时候，主人才发现猫咪生病，而这个时候病况通常都相当危急了。

不论是哪种情形，子宫蓄脓的发生一定会让宠物受苦，也会花费比绝育贵上好几倍的手术费。最坏的结果是，花了好多钱却还是没有救回宠物一命，而一切问题都出在没有及早绝育的一念之间。

🦴 乳腺增生

乳腺的良性增生好发于未绝育的年轻母猫或怀孕母猫，乳腺会肿得又大又快。虽然是良性，但肿胀时猫咪也会很不舒服。绝育可以降低患病概率。

母猫的乳腺增生

🦴 乳腺肿瘤

母猫的乳腺肿瘤大部分都是恶性的，一旦发生就有可能导致猫咪死亡。如果发现猫咪乳头或附近有团块，就要尽早就医。预防方法是，在尚未发情过、6 月龄前绝育，可降低患病概率。

母猫的乳腺肿瘤

🦴 卵巢、子宫肿瘤

不管是子宫肿瘤还是卵巢肿瘤，良性肿瘤还是恶性肿瘤，单是肿瘤体积的增加就会压迫腹腔导致动物不舒服。而且卵巢肿瘤可能会使激素分泌异常，从而导致发情周期混乱、骨髓抑制（无法造血）、子宫蓄脓，甚至因肿瘤转移无法治愈而死亡。

子宫肿瘤通常具有局部侵犯性，如果肿瘤没有转移或扭转、破裂的问题，手术摘除后痊愈的机会很大。

🦴 意外的惊喜! 怀孕了

如果不是预期中的怀孕，不管是怀孕的猫妈妈还是产后幼儿的照护，都会增加主人在照护和经济上的负担，随后还衍生出要帮幼猫寻找新家庭的问题。

意外诞生的幼猫模样可爱，
却常是主人最甜蜜的负担

但要注意的是，不管小猫小时候与主人相处得多么融洽，成年之后都会需要属于自己的空间，不然容易出现心理及行为上的问题。

如果不希望猫咪因意外交配而怀孕，或者猫咪的身体状况不适合当妈妈，建议与宠物医师讨论是否使用药物进行避孕、流产。

公猫不绝育常见的问题

🦴 撒尿行为

公猫在性成熟阶段，会有占地盘、做记号的倾向，其表现是撒尿行为。尿液味道极臭，就算清洗干净，味道也不容易散去。撒尿标记的地点可能会是心爱的家具或物品，常令主人抓狂。

🦴 叛逆期

成年后离开家人去找寻
自己的地盘是猫咪的天性，
就算是被人类养大的猫咪也
不例外。处于叛逆期的公猫
常会离家出走，去探索外面
的世界，但还是会回家。在
外面闯荡期间，猫咪常发生
打架事件，可能会被抓伤、

公猫的叛逆期

被咬伤、出车祸，甚至染上麻烦的传染病。而就算没外出，公猫的
个性也可能变得更霸道、更具攻击性，甚至会攻击自家人。

母狗不绝育常见的问题

🦴 子宫蓄脓

不绝育的母狗得子宫蓄脓的概率高达四分之一。子宫蓄脓是指
细菌在子宫内增殖，进而以子宫为大本营进军身体其他地方，引起
全身性的发炎、器官衰竭、败血症，甚至死亡。这种病常发生在发
情后数周到数月内。

越早发现、越早治疗，死亡率越低。较幸运的情况是，在疾病

子宫蓄脓的外阴分泌物（图片提供：新竹筑心动物医院）

早期就发现狗狗外阴有脓血状的分泌物，这个阶段，疾病可能还没开始造成其他器官的损伤；但如果运气不好，子宫里的脓汁没有流出来，主人直到狗狗肚子胀大、虚弱，乃至影响到精神食欲的时候才发现宠物病了，这时病况通常都相当危急了！

不论是哪种情形，子宫蓄脓的发生一定会让宠物受苦，也会让主人花费比绝育贵上好几倍的手术费。最坏的结果是，花了好多钱却还是没有救回宠物一命，而一切问题，都出在没有及早绝育的一念之间。

🦴 乳腺肿瘤

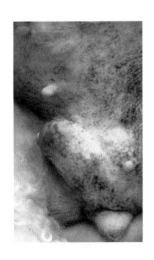

乳腺肿瘤(图片提供：康庄动物医院庄正玮医师)

母狗最常罹患的肿瘤就是乳腺肿瘤。据统计，每100只母狗中就有3～4只会长乳腺肿瘤。狗狗的乳腺肿瘤约有50%的概率为恶性肿瘤，而良性的乳腺肿瘤时间久了也有可能癌化为恶性肿瘤。

这一类肿瘤可能会胀大，以致破溃

而发出恶臭，狗狗身体会难受，肿瘤甚至会转移到身体其他脏器（如肝、肺），最后导致死亡。

最好的预防方法是，让狗狗在尚未发情过、6～7月龄前绝育，这样可大幅降低狗狗罹患乳腺肿瘤的概率。

🦴 乳腺炎、假怀孕

母狗发情后的激素变化，可能会让狗狗发生假怀孕的状况。这个时候母狗会有行为上的改变，如挖地、做巢、把其他动物或物品当作孩子照顾、乳腺肿胀、胀奶，甚至乳汁溢出，如果恶化成乳腺炎，更有可能形成局部或全身感染，引发败血症。

不过比较常见的情形是，主人只会觉得宠物精神和食欲变差，意识不到它得了乳腺炎。

乳腺炎

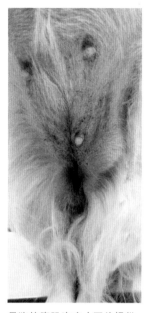

母狗的腹股沟疝（图片提供：新竹筑心动物医院）

🦴 腹股沟疝

早期绝育可降低腹股沟疝发生的概率。未绝育母狗的性激素会让腹股沟区域的结构变脆弱。细心的主人会发现狗狗的腹股沟肿胀，这是因为腹腔里的东西跑到皮下空间了。

一开始是腹腔里的脂肪先掉出来，摸起来是柔软的。随着时间推移，肠子、膀胱等重要脏器也可能会掉出来。当这些重要脏器卡死之后，如果不马上处理，狗狗就会有生命危险。病情严重时，医生必须切除部分卡住的脏器，这将会影响到狗狗日后的生活质量。

🦴 卵巢、子宫肿瘤

不管是子宫肿瘤还是卵巢肿瘤，良性肿瘤还是恶性肿瘤，单是肿瘤体积增加就会压迫腹腔，导致动物不舒服。而且，卵巢肿瘤可能会使激素分泌异常，从而导致狗狗发情周期混乱、骨髓抑制（无法造血）、子宫蓄脓，甚至因肿瘤转

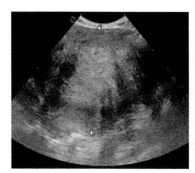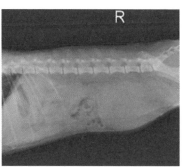

子宫肿瘤（图片提供：宏力动物医院冯宗宏医师）

移无法治愈而死亡。

　　子宫肿瘤通常具有局部侵犯性，如果肿瘤没有转移或扭转、破裂的问题，手术摘除后痊愈的机会很大。

🦴 意外的惊喜！怀孕了

　　如果不是预期中的怀孕，不管是怀孕的狗妈妈还是产后幼儿的照护，都会增加主人在照护和经济上的负担，随后还会衍生出要帮幼犬寻找新家庭的问题。

　　如果刚好目睹狗狗正在交配，该如何处理呢？切记千万不要强行分开交配中的狗狗，因为身体构造的关系，交配中的狗狗生殖器官会卡住，约 20 分钟后才会分开，如果在这时强行分开两只狗狗，公狗的阴茎和母狗的阴道可能会因此受伤，而且射精在交配早期很快就完成了，强行分开只是徒增伤害而已。

母狗怀孕后腹围增加、乳头变大

如果不希望狗狗因此怀孕，或者狗狗的身体状况不适合当妈妈，建议与宠物医师讨论是否使用药物进行避孕、流产。

公狗不绝育常见的问题

🦴 会阴疝

随着年纪增长，雄性激素会让公狗骨盆的肌肉萎缩，腹腔里的一些器官组织可能会通过骨盆膈膜掉入屁股的皮下空间，包括脂肪、肠子、前列腺和膀胱等。

会阴疝出现后，主人会发现狗狗的屁股是凸肿的，有时可以用手指把

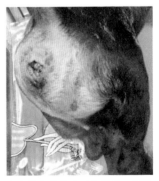

公狗的会阴疝（图片提供：新竹筑心动物医院）

那团东西推回去。但如果凸肿物变大变硬，有排便、排尿困难的症状，就代表状况很严重了，这时若不尽快处理则可能危及狗狗的生命。

🦴 睾丸肿瘤

据统计，每100只没绝育的公狗中就有1只会罹患睾丸肿瘤。虽然大部分睾丸肿瘤只要手术切除就没事了，但有少数的肿瘤会分泌雌激素（尤其是隐睾），进而抑制骨髓制造血细胞，最终导致狗狗出血、贫血、感染，少部分甚至会转移。而隐睾变成肿瘤的概率，又较正常睾丸更高，因此有隐睾的狗狗强烈建议绝育。

公狗的睾丸肿瘤（图片提供：广乔动物医院）

🦴 前列腺发炎、肿大

未绝育公狗的前列腺比较容易发生感染。当前列腺发炎时，主人可能会发现狗狗有发烧、厌食、排尿困难、血尿等症状。而前列腺的肿大，可能会压迫直肠，从而引发大肠性下痢、排便困难等问题。

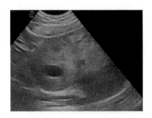

公狗的前列腺炎（图片提供：宏力动物医院冯宗宏医师）

绝育后可能出现的问题

讲完了诸多猫狗不绝育常见的问题，你一定会有个疑问：难道绝育就没有任何坏处吗？事情都有两面性，答案是有的。

绝育后的宠物较容易发胖（图片提供：新竹筑心动物医院）

🦴 肥胖

绝育也是有坏处的，宠物医生们最常见也最常被问到的问题就是肥胖！因为体内代谢的改变，绝育后的宠物的确比较容易发胖，但可经由饮食控制、增加运动量等方式，有效预防及改善，无论公或母、猫或狗都有这个问题。

🦴 母狗的膀胱无力

绝育后激素的改变，有可能导致母狗中年后有膀胱无力的情形，中大型犬较为常见，大部分可经由治疗而改善。

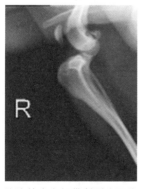

狗狗的十字韧带断裂（图片提供：宏力动物医院冯宗宏医师）

🦴 前十字韧带损伤

有报告指出，未成年绝育的狗狗骨骼发育会受到影响，导致罹患前十字韧带损伤的概率比没绝育来得高。受伤的脚会痛，不太敢踩地，但经过外科治疗大部分预后良好。

🦴 恶性肿瘤

有报告指出，绝育的狗狗罹患某些特定恶性肿瘤的概率高于未绝育的狗狗，但以发病的概率来说，这一数值远低于子宫蓄脓、乳腺肿瘤等疾病。如果有疑虑的话，可依狗狗本身状况请宠物医师作详细的评估。

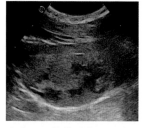

绝育公狗的前列腺恶性肿瘤（图片提供：宏力动物医院冯宗宏医师）

原则上，母狗、母猫及公猫建议趁年轻时做绝育，但如果年纪较大或本身有其他会增加麻醉风险的问题则另当别论。总而言之，绝不绝育都没有绝对的好或不好，尤其在公狗绝育与否的问题上争议较多，端看每个主人的考虑重点。

动物医学上时常会有新的研究发现，宠物医师的观念也会随着改变，未来支持或不支持绝育尚无法断言。但最重要的是，主人或宠物医师的立场，绝对都是希望能依现有的科学证据，作出对宠物利多于弊的抉择。

绝育前的功课

看完这个章节，您如果已经有了初步概念，打算带宠物去做绝育手术，请务必要先了解几个重点。

🦴 手术方式

公猫和公狗的绝育手术，是把阴囊前或阴囊的皮肤划开，取出睾丸。所以手术完宠物的阴囊还在，但是因为没有内容物，会慢慢萎缩、变小。

要特别注意的是，公猫、公狗有时会有隐睾问题，即有一颗或两颗睾丸不在阴囊里面，而是在皮下或腹腔。睾丸的位置不同，手术的位置及费用就会不同。千万不要为了省钱或怕麻烦，只拿掉正常的睾丸而不去理会隐睾，因为隐睾造成病变的概率是非常高的。

母猫和母狗的绝育手术有两种方式：一是只去除卵巢，二是子宫和卵巢一起去除掉。目前我们以子宫卵巢摘除手术（OHE）为主，欧洲国家主要以卵巢摘除术（OVE）为主，两种手术方式的差别在于有没有把子宫摘除。在此列出 OVE 手术的优

绝育后的伤口（图片提供：新竹筑心动物医院）

缺点,以供主人比较:

❶ OVE 手术范围较小,麻醉时间较短,可减少手术并发症(内出血、输尿管损伤、腹腔粘连、肉芽肿),术后疼痛感较小。

❷ OVE 术前要考虑动物的年纪、病史、影像资料等,评估子宫有无病变的可能。

❸ 残留的子宫在术后会因激素的关系而萎缩,但如果给予外源性的激素药物,有可能造成子宫发炎、感染。

❹ 萎缩的子宫要变成肿瘤的概率虽然非常低,而把整个子宫体摘除更加不会有这个问题。

❺ 采用哪一种手术方式并没有标准答案,还是依照主人、宠物状况和手术医师的考虑而选择。

🦴 绝育时机点

母猫、母狗都建议在第一次发情前绝育。如果已经发情,则建议不要在发情期间绝育。因为母猫、母狗在发情期间生殖系统血液灌流比较丰富,所以手术难度较高,会导致手术时间增加也较容易出血。如果没有特殊原因,最好还是在非发情期执行手术。

母狗在发情期间绝育,还有可能在术后产生假怀孕的症状,但通常无大碍。

🦴 不要贪小便宜

千万不要用比价格的方式选择医院。羊毛出在羊身上，是这个世界运行的道理。不管是设备、药物、人员配置，都有你看不见的价值差异，便宜过头的医疗，难免会令人感到不合理且不安心。

🦴 慎选医院或医师

宠物这辈子也就绝育这么一次，切记要慎选医院！站在一个宠物医师兼宠物主人的立场上，我认为公猫、公狗的绝育，只要是有宠物医师执照的合法医院都不会有问题；但如果是母狗、母猫或是有腹腔隐睾的公猫、公狗绝育，建议找手术经验丰富的医师执刀，开腹手术绝对不容等闲视之，如果只是任意随兴去作选择，有可能导致悲剧发生！

🦴 麻醉评估

绝育手术需要全身麻醉，而全身麻醉是有一定风险的，但通常医师会在术前帮宠物做身体检查，确认身体状况。身体健康的宠物麻醉风险是非常低的，尤其是与已经生病但不得不麻醉的宠物来比较。

延伸阅读

TNR：以绝育代替扑杀，流浪动物的另一个出口

　　流浪动物一直以来都是社会公共问题之一，以往的处理方式不外乎捕捉后开放认养或扑杀。但即使是状况良好的动物，被领养的速度仍远赶不上产生；而对于较年老、个性不讨喜或有部分身体缺陷的动物，被扑杀几乎就是它们唯一的结局。

　　近年来，TNR/TNVR 以一种更加人道的、以绝育代替扑杀的流浪动物管控策略而渐渐为人所知。其核心概念是，借由捕捉（Trap）、绝育（Neuter）与放回（Return）降低流浪动物的生育率，希望借此控制流浪动物的数量。

　　以控制流浪动物策略来说，TNR 的优点是能够减少对动物的扑杀，并暂时减缓收容所资源不足的问题。但实际上这能否有效减少流浪动物的数量尚无定论，加上放回的动物与当地居民的互动、对环境的影响等，都是有争议的地方。尽管如此，看见流浪动物的管理方式渐渐往更人道的方向前进，仍让身为宠物医师的我们感到鼓舞。

PART 2 >

宠物：小九
年龄：2个月
主人：花合子

太重要了！每个

猫奴

一定要知道的事！

近年来养猫的家庭越来越多了，但许多人并不了解猫咪独特的天性，用养狗的观念来养猫，或是在同一环境中养太多猫。这些不正确的饲养观念容易让猫咪出现心理、行为上的偏差，也容易生病。以下介绍养猫家庭常遇到的一些问题。

养猫家庭常遇见的意外状况

🦴 意外坠楼

只要住在二楼以上，一定要确保猫咪没有机会从阳台或窗户跳下，尤其是年轻猫咪。

猫咪会一跃而下的原因，通常是失足、想追逐鸟或昆虫等。猫跳楼后会造成骨折、肺挫伤、气胸等问题，这也是身为临床宠物医师的我几乎每个月都会遇到的病例。即使能保住性命，在受伤及治疗过程中猫咪也会极度疼痛，并需要一段时间的住院疗养，短则两三天，长则十天半个月。若是需要外科介入，费用更是可观，不但猫咪受苦，对主人的荷包来说何尝不是血光之灾。

我曾碰到一个病例,一只不满一岁的幼猫坠楼,四条腿断了三条,全身共四处骨折,小小年纪就不得不经历三次全身麻醉、四处骨科大刀与一整个月的住院疗养。虽然最后宠物顺利出院,但惊人的医疗花费,恐怕也不是每个宠物主人都负担得起的。

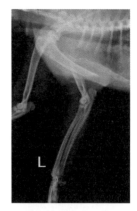

🦴 离家出走

未绝育的猫咪会有逃家的倾向,而无论有没有绝育,都最好不要用放养的方式来饲养猫咪。你可能会觉得猫咪外出跑跳,感觉很好很自由,但对家猫而言,独自在外活动非常危险。

1. 传染病

猫咪游荡在外,若跟流浪猫打架,则可能会感染猫艾滋病,一旦被感染猫艾滋病就无法痊愈,虽然不会有立即性的危险,但猫咪身体的免疫系统会慢慢受影响,继而有可能会引发感染。

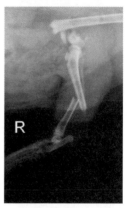

猫咪坠楼前腿与后腿骨折
(图片提供:宏力动物医院
冯宗宏医师)

2. 车祸

猫咪的夜间视力虽好，但明亮的车灯可能会让它一时失去视力而被车撞，一被撞到可能会造成内出血、气胸、脑创伤、腹腔脏器破裂等严重问题，甚至可能当场死亡。同坠楼的情况一样，猫咪即使能保住性命仍要经历相当大的痛苦，在生死边缘徘徊，而主人也得付出庞大的医疗金。

家猫在外游荡是很危险的事

猫咪车祸常见的严重结果

❶ 被撞到当时立即死亡。

❷ 内出血：需马上前往医院，严重时需紧急输血，甚至手术开腹止血。

❸ 肺挫伤、气管撕裂伤、气胸：会导致呼吸困难，需立即去医院吸氧，评估后续处置。

❹ 脑损伤：严重时会昏迷、死亡，运气好可能会痊愈，恢复期需数天甚至长达一年以上。有些则永不痊愈，一辈子都有神经症状，少数甚至要做开颅手术。

⑤ 胆囊破裂：稳定生命迹象后，需尽快评估手术。

⑥ 泌尿道破裂：需尽快维持尿路畅通，稳定生命迹象后尽快评估手术。

⑦ 脊椎损伤：运气不好会引起脊髓软化、呼吸肌瘫痪而死亡，或者终身瘫痪，无法自主排便排尿。

⑧ 心律不齐：心律不齐有可能会降低心脏送出的血量，引起全身血液灌流不足，因此必须监控、评估是否治疗。

猫咪车祸常见但通常无生命危险的结果

❶ 骨折：骨折是相当疼的，而且如果需要手术的话，必须支付昂贵的医疗费用。如果是骨盆骨折或腰骶神经受损，也可能引起大小便失禁的问题。

❷ 外伤、软组织发炎：需清创、口服抗生素或消炎药等。

❸ 眼球脱出：严重时可能失明。

3. 犬只咬伤

猫咪若是被中大型犬咬伤，可能会造成不亚于车祸或坠楼的严重创伤，甚至可能当时就会致死。更麻烦的是，咬伤的伤口若没有得到及时处理，往往会演变成蜂窝性组织炎甚至败血症。

我曾遇到一只被狗咬伤的家猫，到院时已经感染败血症，极度虚弱，经过治疗后还是不治身亡。主人不解地说："这只猫从小到大就常外出，被野狗咬了很多次，怎么这次会那么严重呢？"这个教训也告诉主人们千万不要心存侥幸。

猫咪被犬只咬伤常见的结果

❶ 咬伤胸腔、气管：和被车撞一样，需立即吸氧，评估后续处置。

❷ 咬伤眼睛：严重时会失明。

❸ 咬进腹腔：如有内出血则必须评估输血，进行开腹手术灌洗腹腔。

❹ 咬伤皮肤肌肉：需要清创。

如果家中的猫大人不时要"微服出巡"，希望从今天开始禁止它私自"出宫"了。现在有些猫咪行为专家提倡遛猫，但这是指由猫奴们带出门，而不是让猫独自外出哦！

🦴 祸从口入

猫咪天性上喜欢吃线状物、拼图等，这类无法消化的东西如果卡在肠道又没有被及时发现，拖得久了、肠子破了会造成腹膜炎，死亡率就相当高了。家里如果有这些东西请收好，有些猫会变"累犯"，已经动过手术拿出异物了，过一段时日又来一次。很多猫奴也不解，明明已经收好了怎么又被吃进去了？要提醒大家的是，聪明的猫咪是有办法开柜子、抽屉的。

注意不要让猫咪吃进不该吃的东西。（照片提供：庄贵萍）

此外，幼猫喜欢乱咬乱舔，要格外注意不要让它们咬电线，乱咬电线的后果从安然无恙到死亡都有可能，常见的触电症状有烧烫伤、肺水肿、肌肉抽动、癫痫、失去意识等。如果发现宠物咬到电线疑似出问题，第一时间记得不要碰它的身体，而是要先把电线拔掉，不然有可能危害到自己。

连缝衣针也吃进去的猫咪（图片提供：宏力动物医院 冯宗宏医师）

🦴 中毒

猫咪有吃草的习惯，家里如果有任何盆栽、植物，都要查明其对猫是否有害。有些植物的毒性会让猫在短时间内病危、死亡，如百合科植物对猫来说毒性就非常强，少量摄取即有可能致命。（会引起猫咪中毒致死的植物，请参见第 89 页）

我在医院就曾遇到一只因为咬了一口百合花的叶子而需要做血

液透析的猫咪，可惜的是它的肾功能一直无法恢复，最后还是不治而亡。（急性中毒的处理方式，请参见第 126 页）

另外需要注意的是，偶尔会遇到把狗的除虫药用在猫身上而导致猫咪中毒的情形，所以请千万不要随意将狗用产品使用在猫咪身上！

排尿问题

尿频、尿血、排尿困难是很常见的猫咪疾病。千万要记住，如果发现猫咪超过 24 小时以上尿不出来，一定要赶快去医院，因为尿路梗阻会危及生命。

主人要多留意猫咪的排尿问题

感染心丝虫

中国南方是心丝虫的流行区域。心丝虫借由蚊子传播，被叮咬后会经由血液流往心脏，造成心肺的病变。虽然猫咪抵抗心丝虫感染的能力比狗强，但感染后比狗麻烦，不能杀虫治疗。就算猫咪在室内，还是有可能被蚊子叮咬而染病。建议从两个月大开始预防，药物有口服和滴剂两种方式。

养猫家庭需要特别注意的日常照护

🦴 多猫家庭的困扰

猫咪跟狗不一样，不是群体生活的动物。很多猫奴因为太爱猫了，在同一个空间内养太多猫，造成饲养密度过高。这种环境会让猫咪生活紧张，容易彼此传染病毒，造成猫咪下泌尿道发炎，以及由心理压力引起的行为异常，如过度舔毛、在家中乱尿作记号等。常常会发生猫咪同时或轮流生病，或者病好了很快又复发。

养猫的数量要视自家的空间而定，而多猫家庭的猫砂盆数量，建议比猫咪的数量再多一个。

养猫与养狗的学问大不同

🦴 猫咪穷紧张

猫咪的个性是非常敏感的，人、事、物的改变都可能让它感到紧张和不舒服。以下提供几个简单避免猫咪紧张的重点给猫奴们，别让猫大人不开心！

猫咪喜欢垂直空间，也喜欢在高的地方休息

重点1　换食物

为猫咪换食物，最好花5天的时间逐渐改变食物内容，不然有些猫咪会索性不吃，或者吃了肠胃产生不适。如果是干粮、湿粮间的转换，则至少要花7天的时间。

重点2　迎接新成员

家中如果有新的猫狗成员要来，建议先不要让新成员自由活动，限制其生

请给家中的猫咪一点时间去认识、习惯新成员

活空间，给猫大人一点时间认识、习惯新成员，然后再慢慢扩大新成员的活动范围。

重点 3　环境变化

对猫来说，地盘上的任何小细节都是很讲究的，搬家无疑是晴天霹雳！所以如果要换环境，一定要确保猫砂盆、食物、休息空间的位置不变。虽然每只猫的个性迥然不同，但原则上摆放位置要隐密、安静、不受打扰。

多猫家庭请注意每只猫的进食状况

🦴 饮食问题

在门诊时，很多猫主人会问猫咪到底该吃什么好。原则上一定是要能当作主食、营养价值足够的食物，如果不考虑金钱、时间等因素，我推荐的顺序为：主食罐头 > 自制猫饭 > 商品化生肉 = 猫粮。

以下简单介绍这几种选择的优缺点：

选项1 主食罐头

优点：营养均衡、含水量高、喂食方便。

缺点：费用较高。

选项2 自制猫饭

优点：食材品质佳、含水量高。

缺点：亲手制作较花时间、需额外添加营养补充品（牛磺酸、钙、
维生素等）。

自制猫饭可能是最爱心满溢也可能是最糟糕的食物

身为虔诚的猫奴，为心爱的猫咪下厨可以说是很幸福的
事。但猫饭食谱的来源一定要经由专家量身设计过才行，最
重要的是，自制猫饭一定要额外补充营养，如牛磺酸等。这

些补充营养太多或太少，长期下来对猫咪身体都不好。如果需要订制化或有其他个体的问题，请咨询专业的宠物营养师或宠物医师。

选项 3　商品化生肉

优点：含水量高。

缺点：费用较高、需提前解冻，有潜在生菌问题，需额外注意卫生清洁。免疫力差的年幼、年老、患病宠物如要食用需咨询医师。

吃生肉行不行？

关于商品化生肉，很多专家的看法不一，最担心的还是卫生问题。处理生肉一定要注意清洁并遵照正确的保存方式，生肉以及吃生肉的宠物粪便中，可能会带有人畜共通的细菌，所以处理完食物、粪便要记得洗手。（沙门氏菌的介绍，请参见第150页）

选项 4　猫粮

优点：方便、便宜、容易保存。

缺点：含水量低。

以上各个选项，都有学者专家背书支持，最重要的是，宠物主人要选择符合自己生活方式、适合宠物身体需求的食物，平时也要多留意食品安全卫生的问题，例如有某宠物食品工厂被检出产品内含不良成分时，请尽快确认宠物是否受害。

无论决定喂食哪种食物，请注意以下原则：

❶ 定时还是不定时，要依照猫咪和家人的习惯而定，重点要注意的是每天的喂食量和食物卫生问题。

❷ 如果猫以猫粮为主，要注意水分摄取量充足。

❸ 如果猫咪对食物有过分挑剔的情况，要偶尔为它更换食物，以防日后换食物猫咪无法适应。

❹ 如果是多猫家庭，每只猫咪吃饭习惯可能不同，要注意每只猫的进食状况。

❺ 千万别拿狗食喂猫，猫狗的营养需求不同，如果长期给猫喂狗食，造成饮食中牛磺酸摄入不足，会引发失明、心脏病、繁殖障碍等问题。

宠物食品的质量管理问题

　　有时候在诊室，会被主人问到所购买食物的品质问题，询问有无推荐的品牌。老实说，对于看不见的品质管理，宠物医师也没办法拍胸脯保证，即使大品牌也不代表一定不会有问题，只能说一般大品牌在品质要求上会严格一些。

🦴 健康检查

　　由于我自己也是猫奴，所以非常理解很多人不喜欢带猫去医院的心情，但是为了让猫咪有比较好的生活质量、更长的寿命，以下几个时机点还是建议要找宠物医师看看。很多疾病如果能在体检中发现，就能让猫咪免于发病时的痛苦；而有些无法治愈的疾病被提早发现，也可以有效地推迟病情，延长寿命。

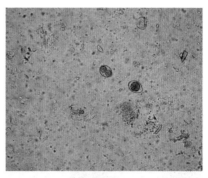

从例行性粪检中发现肠道寄生虫(照片提供: 宏力动物医院冯宗宏医师)

刚带回家的幼猫照护要多费心

G 50K   XV C3   1/1 PRS 1   C 1
M PEN-L   G   TEI   PRC 9   PST 7   C

猫咪肥厚型心肌病的超声检查影像（图片提供：宏力动物医院冯宗宏医师）

体检重点 1　刚领养的猫咪

由于猫咪（尤其是幼猫）在初换环境时容易诱发潜在的疾病，所以建议将刚领养猫咪的检查重点放在传染病的筛检与粪检上，若家中有其他宠物更是强烈建议。如果有费用上的考虑，则至少要将刚养的猫和家中宠物隔离观察两周。

幼年动物的照护是需要多费心的。如果领养的是幼猫，在环境转换后可能会有一些暂时的肠胃症状，食物最好先按照上位饲养者的喂法，等适应环境后再慢慢转换。这个年纪的宠物身体比较虚弱，常常一点小病都会变得很严重，还容易被致命的传染病攻击，原则上只要发现宠物精神食欲变差一天以上，就要咨询医师。

体检重点 2　狡猾阴险的心脏病

猫咪的心脏病不像狗那么容易用听诊器发现，而且猫咪心脏病一旦发作，通常寿命都不长了。提早发现、追踪、适时用药物控制的话，虽然大部分无法治愈，但可以减缓病情，延长寿命。

猫咪心脏病的确诊需要依赖超声检查，建议所有需要麻醉的猫咪在麻醉前最好能做个心脏检查。如果心脏超声检查费用太高无法负担，也可先用验血排除，但疾病早期用验血确诊的准确率不如超声检查。

体检重点 3　年度健康检查

在很多国家，猫医师建议猫咪每年都要做健康检查，5 岁以上的猫咪则是每半年一次。因为动物不会说话，猫咪更是忍痛高手，希望能借由体检提早发现疾病。

在门诊经常见到病情拖到很严重、猫咪已危急到面临生死关头的状况，而主人在此阶段花费的医疗费用也相对高很多，但是还是有很多宠物主人抱持着侥幸心态，医嘱服从度较低。

强烈建议猫咪进入 5 岁龄，就开始每年作体检。中年猫咪的检查项目以血液检查、胸腹影像、尿检为主。血检、尿检可以检测身体脏器的功能及激素的分泌情况；影像学检查可以提早发现肿瘤。

触诊（图片提供：新竹筑心动物医院）

听诊（图片提供：新竹筑心动物医院）

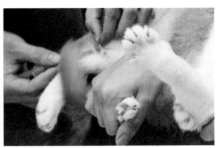

视诊（图片提供：新竹筑心动物 预防针注射（图片提供：新竹筑心动物医院）
医院）

就算是无法痊愈，疾病也是大部分越早发现，越能有效延长寿命、减缓病情，尤其猫咪罹患慢性肾病的概率非常高。

7 岁以上的猫称为熟龄猫，这阶段的猫咪生理机能开始退化，相当于人类的 44 岁。熟龄阶段的照护原则，就是让猫咪 Age Gracefully（优雅地老化）。

生命都是有尽头的，不论是主人还是宠物医生，都希望猫咪在老了之后还能维持良好的生活质量，不被病痛折磨，活得有尊严。

量体温（图片提供：新竹筑心动物医院）

猫咪与人类年龄换算表

阶段	年龄	对应人类年纪
幼猫	1 个月	6 个月
	3 个月	4 岁
	6 个月	10 岁
	8 个月	15 岁
成猫	1 岁	18 岁
	2 岁	24 岁
	4 岁	35 岁
	6 岁	42 岁
熟龄猫	7 岁	44 岁
	8 岁	49 岁
	10 岁	57 岁
年长猫	11 岁	61 岁
	12 岁	65 岁
	14 岁	73 岁
老猫	15 岁	77 岁
	16 岁	81 岁
	18 岁	89 岁
	20 岁	97 岁

🦴 疫苗计划

幼猫

幼年猫应在满 2 月龄后开始施打疫苗，核心疫苗三次（核心疫苗是指保护动物免于高发病率、高死亡率的特定疾病疫苗，通常被称为猫三联）、狂犬病疫苗一次。两个月大时开始每月预防心丝虫，体内、外驱虫方式很多，可依生活环境及主人偏好调整及使用。

成年猫

1 岁龄再施打一次猫三联，并每年注射狂犬病疫苗。2 岁龄后猫三联施打计划依猫咪的生活环境及型态调整。

鉴于偶尔会有打完三次猫三联的幼猫依旧罹患疫苗所预防的传染病，因此国际最新的疫苗计划建议，可考虑将 1 岁龄补强的预防针提前至 6 月龄施打。

猫咪打疫苗会导致生病？

研究已经证实猫咪打疫苗后长肿瘤的概率与含铝佐剂呈正相关关系。面对这个问题，疫苗厂商已调整产品的配方，临床医师也会慎选施打部位。早期发现早期处理，现在猫咪罹患注射部位肉瘤及死亡的概率已下降许多，但有少数病例报告指出，就算不是打疫苗，在猫的皮下施打其他治疗针剂都有可能引起肿瘤。猫的注射部位肉瘤是非常恶性的肿瘤，如果第一次手术无法摘除干净，痊愈概率就非常低了，平均存活寿命大约 9 个月，若要手术请慎选外科或擅长切除肿瘤的医师。所幸现在医师在施打疫苗时，都会选择有机会把肿瘤挖干净的部位施打，加上猫奴们的警觉性增加，通常一开始都会积极处理，因此这类肿瘤造成的危害有降低的趋势。

既然打预防针反而会生病，那还要不要打？

幼年与 1 岁龄的猫强烈建议一定要完成猫三联的注射，2 岁龄之后根据生活环境评估。我曾看过成年猫因为没有打预防针而罹患猫瘟，最后死亡的情况。因此，依猫咪的年纪、身体状况、环境，去选择适当的疫苗计划才是最重要的，没有绝对正确的标准答案。以偏概全、因噎废食的观念反而会害了猫咪。

要不要打狂犬病疫苗？

狂犬病疫苗的施打比较有争议性。基于防疫的立场，每年都应该要打狂犬病疫苗，但目前我们使用的狂犬病疫苗含有佐剂，会增加宠物的患癌风险，所以很多宠物主人都不愿施打。

由于疫苗注射引起的肿瘤已广泛被大众所认知，所以宠物医师施打疫苗时都会选择特定位置，以防将来需要切肿瘤时比较有机会切干净。

目前有些国家的药厂已研发出无佐剂的基因重组狂犬病疫苗，甚至有效期长达三年，可大幅降低因疫苗产生肿瘤的概率，希望我们能早日进口这类适合猫咪的狂犬病疫苗。

猫咪疫苗注射部位肿块的处理原则

打完预防针，宠物医生会请主人多留意施打部位有无异常。注射部位如果发现团块，并出现以下情形时需要特别注意：

❶ 注射处团块 1 个月后持续变大。

❷ 肿块大小超过直径 2 厘米。

❸ 超过 3 个月后肿块依然存在。

符合以上任一条件，一定要及早采样、处理。疫苗注射引起的肿瘤非常恶性，忽略或太晚发现它，都很可能会赔上猫咪的性命。

🦴 洗澡清洁

猫咪不像室内犬每一两周就要洗一次澡，因为猫咪通常很爱干净，会自己舔毛、整理身体，不洗澡也没什么异味。无特殊情况的话，2～3 个月洗一次就可以了，甚至有很多猫咪几年都不洗澡。

大部分的猫咪都非常怕水，所以建议最好趁猫咪还小的时候就开始帮它洗澡，从小习惯洗澡可降低长大后洗澡翻脸弄伤

习惯剪指甲的猫咪

人的概率。更麻烦的情形是，猫咪脏了想洗澡，却因为容易抓狂无法自己处理，而被送去外面的宠物美容院洗，猫咪在不熟悉的美容院已经够紧张了，再加上大部分美容院里有狗，还要再碰水，这对猫咪来说可真是大难临头了。

最令人忧心的是，猫咪若无法乖乖让美容师洗澡，就需要麻醉镇静，麻醉镇静是有风险的，身为宠物医生的我实在不喜欢帮要美容的猫咪镇静。如果因为镇静猫咪出了事，我想不管对主人还是美容师来说都不好受。

其余的基本照护，如剪指甲、梳毛、清洁耳朵、刷牙等，也是一样的道理，从小养成习惯才不会在猫咪长大后遭到强烈反抗。有一些猫咪没有从小剪指甲的习惯，都要主人带来医院剪，有时甚至没有时间来医院而导致指甲太长、倒钩卡进肉里，这对猫咪来讲是很痛苦的。请想象有人拿针插进你的手里，但又无法拔出来，就可想而知这痛苦有多强烈了！

另外，猫咪中年后易得牙周病，从小养成刷牙好习惯可以减缓、降低需要洗牙的频率。大部分猫咪的口腔肿瘤发现时都已经不容易处理了，如果定时刷牙则有机会提早发现、及时治疗。

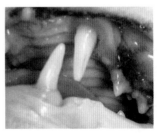

猫咪的牙周问题（图片提供：新竹筑心动物医院）

PART 3 >

宠物：小黄

年龄：2岁

主人：温雅

太重要了！每个

狗主

一定要知道的事！

"狗狗是人类最好的朋友，是我们亲密的家人！"相信很多养狗的人都有此感受。也因为狗狗和主人之间每天密切互动，留意狗狗照护上的各种细节对宠物主人来说更是责无旁贷。也许对于狗狗来说，它愿意一生陪伴主人，无私奉献不求回报；但我认为养狗还是要花一点时间做功课，为宠物的健康把关是主人最基本的责任。

养狗家庭常遇见的意外状况

🦴 外出常见意外

外出一定要用牵引绳！外出一定要用牵引绳！外出一定要用牵引绳！重要的事情说三遍。在生活中，到处都看得到主人让狗狗自己在马路上恣意横行。我知道很多狗主人都认为自己的狗狗很乖，不会乱跑，而且觉得"它都这样自己跑好几年了，也没出过什么事啊"。但是，如果这些主人们有空来动物医院的住院部看看，这些话可能就不敢再轻易说出口了。

车祸造成狗狗脊椎错位（照片提供：
宏力动物医院冯宗宏医师）

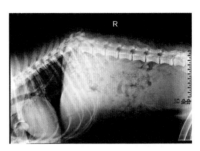

在马路上乱跑，对狗狗和人都会造成
危险

1. 车祸

狗狗车祸常见的严重结果

❶ 被撞到当场立即死亡。

❷ 内出血：需马上前往医院，严重时需紧急输血，甚至手术
开腹止血。

❸ 肺挫伤、气管撕裂伤、气胸：会导致呼吸困难，需立即去
医院吸氧，评估后续处置。

❹ 脑损伤：严重时会昏迷、死亡，运气好可能会痊愈，恢复
期需数天甚至长达一年以上。有些则永不痊愈，一辈子都

有神经症状，少数甚至要做开颅手术。

⑤ 胆囊破裂：稳定生命迹象后，需尽快评估手术。

⑥ 泌尿道破裂：需尽快维持尿路畅通，稳定生命迹象后尽快评估手术。

⑦ 脊椎损伤：运气不好会引起脊髓软化、呼吸肌瘫痪而死亡，或者终身瘫痪，无法自主排便排尿。

⑧ 心律不齐：心律不齐有可能会降低心脏送出的血量，引起全身血液灌流不足，因此必须监控、评估是否需要治疗。

当狗狗遭遇到上述这些情况，势必都会经历相当大的痛苦，并在生死边缘徘徊，而主人也得付出庞大的医疗金。最让医师不忍的是，狗狗在到院前或到院后不久死亡时，主人崩溃、无法置信的心情，还有懊悔没把狗看好的沉重内疚。希望正在看书的你，可以从现在起改掉放任狗狗乱跑的坏习惯。

狗狗车祸常见但通常无生命危险的结果

❶ 骨折：骨折是相当疼痛的，而且如果需要手术的话，也必须支付昂贵的医疗费用。如果是骨盆骨折或腰骶神经受损，也可能引起大小便失禁的问题。

❷ 外伤、软组织发炎：需清创、口服抗生素或消炎药等。

❸ 眼球脱出：严重时可能失明。

除了这些，还发生过狗狗乱跑导致摩托车主摔车死亡的新闻事件，这真的才是最差的结果。

2. 被咬伤

除了车祸，让狗乱跑还可能会使自家狗狗与其他狗发生冲突、互咬，有以下几种常见的状况：

❶ 咬伤胸腔、气管：和车祸一样，需立即吸氧，评估后续处置。

❷ 咬伤眼睛：严重时会失明。

❸ 咬进腹腔：如有内出血则必须评估输血，进行开腹手术灌洗腹腔。

❹ 咬伤皮肤肌肉：需要清创。

就算最终没有造成生命危险，被撞、被咬对狗狗来说，都会让它们承受惊吓、疼痛等身心受挫的后果。

3. 随地觅食

放任狗狗乱跑，还可能会让天真的它在不知情的情况下，误食会导致中毒的食物、农药、老鼠药等。乱吃垃圾常会引起又吐又拉的肠胃炎，而农药、老鼠药依药性不同，症状也会不同。如果运气好发现狗狗刚吃进去，赶快催吐，则有机会避免中毒症状出现，但大部分的情况都是出了事，来到医院才发现中毒，而出现

狗狗在外玩耍可能会捡东西乱吃

症状后就医，病情通常都已较为严重。（急性中毒的处理方式，请参
见第 126 页）

　　需要提醒的是，狗狗如果气管不好或出门容易猛跑猛冲的话，
请不要使用项圈，建议使用胸背带，毕竟拉扯颈部的项圈，对狗狗
的气管是不好的。

🦴 体内外的虫虫危机

1. 蚊子是狗狗的心脏杀手

　　热带、亚热带地区蚊子多，也是心丝虫的流行地区。心丝虫趁
蚊子叮咬时游入狗狗血液中，再沿着血管进入心脏。我在以前的诊
所工作时，门诊中狗狗罹患心丝虫的病例非常多，几乎每一两周就
有一只狗狗被诊断出感染心丝虫。

　　悲剧的起因都是没有预防心丝虫，且往往狗狗已经严重到气喘、

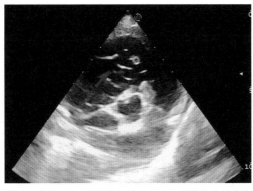

透过心脏超声检查确诊狗狗有心丝虫，箭头为心丝虫虫
体（照片提供：宏力动物医院冯宗宏医师）

咳血才来医院，很多都已错过治疗的黄金时期。这当中也有些幸运者得以存活，但已经对心肺造成不可逆的伤害，需要长期吃药控制。检查治疗的大笔开销跟每个月便宜的预防药比较起来是天壤之别。

跳蚤引起的脱毛、瘙痒（照片提供：新竹筑心动物医院）

2. 无所不在的体外寄生虫

很多主人会说，我家的狗狗不常外出或没有跟别的狗狗接触，所以不用预防体外寄生虫。这样的观念是不正确的，因为蜱虫、跳蚤会经由以下几种方式传播：

❶ 狗和狗之间的直接接触。

❷ 环境的接触：狗狗在公园、草地这些地方游玩，基本上只要身上有体外寄生虫的狗狗也去过，家里的宠物经过就可能被感染。

❸ 经由物体的间接接触：如果有跳蚤跳到主人的裤管、鞋子上，回家后就可能跳到宠物身上。这些体外寄生虫不喜欢在人身上居住，只会短暂接触人体，但会在狗狗身上及居家环境中长居

带狗狗外出要注意体外寄生虫的预防

（就算狗狗有投药预防，有些体外寄生虫还是可以不吃不喝在这个环境中存活一年以上）。

体外寄生虫不只是皮肤问题

由体外寄生虫引起狗狗身体不适的常见疾病有以下几种：

❶ 艾利希体、焦虫：这两种疾病皆由蜱虫叮咬传播，血液寄生虫会让狗狗发生贫血，严重时需要输血，甚至来不及救治而死亡。

❷ 绦虫：跳蚤是绦虫的中间宿主，猫狗都有可能因啃咬皮肤吃进跳蚤而染病。要注意绦虫也可能传染给人类。

❸ 莱姆病：大部分的患犬都是体检时意外发现的，被感染的狗狗有不到 5% 的可能会生病，症状有关节炎、发烧、食欲下降等，严重时会引起肾脏疾病。特别要注意的是，莱姆病可能会感染人类。

3. 肠道寄生虫

常见的肠道寄生虫除了上述的绦虫外，还有钩虫、鞭虫、蛔虫、球虫、梨形鞭毛虫等。肠道寄生虫主要的传染方式为污染物经口传染，需要注意的是，钩虫可以经过皮肤传染。被这些肠道寄生虫感染的常见症状为消化道问题，如吐、拉，还有狗狗会坐在地上磨屁股，而钩虫有可能引起严重血痢、贫血。

🦴 祸从口入

狗狗经常乱吃东西，又不会告诉你，那吃到不会消化的东西怎么办？等到开始不停呕吐时才会事迹败露。没有办法消化的食物卡在肠胃的处理办法只有开刀取出，运气好的话早点发现可用内窥镜取出，不管如何，全身麻醉都免不了。

避免环境中存在会让狗狗乱吃下肚的东西

可能堵塞住肠子而需手术取出的异物种类有很多，常见的有玉米芯、水果核、水果皮、毛巾、报纸、线状物等。

此外，幼犬喜欢乱咬乱舔，要格外注意不要让它们咬电线，乱咬电线而触电的后果从安然无恙到死亡都有可能，常见症状有烧烫伤、肺水肿、肌肉抽动、癫痫、失去意识等。如果发现宠物咬电线疑似触电，第一时间记得不要碰它的身体，而是要先把电线从插座拔掉，不然也有可能危害到自己。

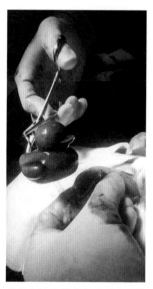

从胃中取出的黄色小鸭（照片提供：宏力动物医院冯宗宏医师）

🦴 致命性的胃扩张及扭转

日本知名节目《宠物当家》里的拉布拉多明星犬大介，就是死于胃扩张及扭转。

这种疾病为胃扩张及扭转后，影响血液循环而造成严重后果，被宠物医生归类为急性病，即发病后如不赶快处理，死亡率会随时间增高。常见症状为肚子突然膨大胀气、呕吐、干呕、流口水、腹痛、虚弱、气喘等。以下列出一些高发此病的因素：

❶ 大型犬

❷ 深胸犬

❸ 处于紧迫环境或个性易紧张

❹ 体型偏瘦

❺ 一天吃一餐、一次吃太多、吃太快

❻ 吃饭前后剧烈运动

由于特定品种的大型犬好发此病，加上发病后如无立即发现则死亡率很高，因此有宠物主人会为特定品种的狗狗实施预防性手术，将胃固定，预防发病。（好发胃扩张及扭转的大型深胸犬，有大型土狗、金毛犬、拉布拉多犬、大丹犬、德国牧羊犬、威玛犬、圣伯纳犬、杜宾犬、英国古代牧羊犬、标准贵宾犬等，请参见附录第 166 ~ 182 页）

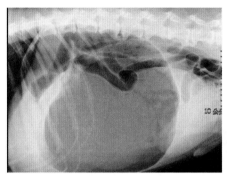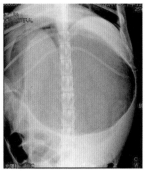

透过 X 光确诊胃扩张、扭转（照片提供：宏力动物医院冯宗宏医师）

🦴 摔落与碰撞

对小型犬或幼犬来说，人类的世界就像巨人的国度，狗狗不像猫咪有精良的防震系统，许多我们根本不会在意的高度、碰撞，对它们来说都可能是致命的。如被主人抱着却不慎摔落到地面，而造成脑损伤的病例，其实远比想象中更多。小型犬有时也容易自行从较高处摔下（如桌上、床上），其他不小心被踩到、被踢到、被门夹到，甚至被揍导致脑损伤的情况，也是我在门诊中经常碰到的。

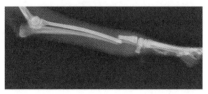

摔落造成的前腿骨折（照片提供：宏力动物医院冯宗宏医师）

狗狗与人类年龄换算表

年龄（犬）＼年龄（人）＼犬型	小型犬 <10kg	中型犬 11 ~ 25kg	大型犬 >26kg
3个月	4 岁	4 岁	3 岁
6个月	7.5 岁	7.5 岁	6 岁
9个月	11 岁	11 岁	9 岁
1 岁	15 岁	15 岁	12 岁
2 岁	24 岁	24 岁	19 岁
3 岁	28 岁	28 岁	28 岁
5 岁	36 岁	36 岁	36 岁
7 岁	44 岁	47 岁	50 岁
9 岁	52 岁	56 岁	61 岁
11 岁	60 岁	65 岁	72 岁
13 岁	68 岁	74 岁	82 岁
15 岁	76 岁	83 岁	93 岁
17 岁	84 岁	92 岁	>120 岁
19 岁	92 岁	100 岁	
20 岁	100 岁		

幼龄犬 ~ 成犬　　熟龄犬
老龄犬

养狗家庭需要特别注意的日常照护

🦴 饮食问题

不管你是喂狗吃干粮还是湿粮，都是个人的选择，但千万不要喂狗狗吃人吃的食物，如肉燥饭、盐酥鸡这些重口味的加工食物，不单是对狗狗身体不好，更麻烦的是会养成挑食的坏习惯。

当狗狗吃到这些口味浓郁的"美食"时，有可能就不爱吃自己的主食了。常见的情况是每次主人吃饭时，狗狗就会在一旁哀怨地看着你求喂食，这时很多主人会受不了狗狗的柔情攻势而忍不住喂它吃，于是造成了恶性循环，狗狗甚至会坚持几天几夜不吃饭，饿到吐也不肯吃自己的主食。

有些狗狗胃口一旦被养大，每过一段时间就要吃更好吃的东西，主人就会为了宠物的饮食而伤脑筋。请记得，别让狗狗吃这些重口味的东西，不只是为了它的身体健康着想，也是避免为自己找不必要的麻烦。有些来看诊的狗狗从小胃口被养刁了，生病后不容易恢复食欲，不吃饭的话复原状况也会比较慢，徒增困扰。

🦴 老狗与老牙

狗狗就算不刷牙，能定期到医院洗牙也可以，但狗狗洗牙基本上是要全身麻醉的。门诊经常遇到的难处是，年纪很大的狗狗因为

一口烂牙及烂牙的并发症而就诊，症
状包括嘴巴很臭、流口水、不敢咬东
西、牙齿瘘管（牙齿根部的细菌向脸
蔓延开来，可能会发现脸部或鼻子流
脓血）等，而处理烂牙需要全身麻醉
来洗牙、拔牙。很多老狗因为烂牙就
诊时，身体常常还有其他疾病，导致

有牙周病的老狗（照片提供：新
竹筑心动物医院）

麻醉风险高，让医师和主人都处于两难的情况。

如果不麻醉洗牙、拔牙，靠吃药控制则无法痊愈，状况时好时
坏，患有牙病的狗狗晚年都脱离不了嘴巴疼痛的折磨；身体状况不
好的狗狗还要小心因为麻醉洗牙而虚弱致死。无论是上述哪种情形
都不是医师或主人所乐见的。另外，烂牙的细菌本身也会让狗狗身
体的重要脏器处于慢性感染的风险中。

最好的方式还是预防胜于治疗，养成帮狗狗刷牙的好习惯，可
以降低需要麻醉洗牙、拔牙的频率和概率，建议每周至少刷牙三次。
另外，定时刷牙也比较容易早些发现口腔肿瘤，尽早处理。

🦴 疫苗计划

幼犬阶段共需要施打三次核心疫苗（核心疫苗是指保护动物免
于特定高发病率、高死亡率的疾病疫苗，俗称犬六联）和一次狂犬
病疫苗。2月龄时开始第一次犬六联注射，并开始每月预防心丝虫；
成年后再施打一次犬六联，之后视环境及疫苗种类调整；狂犬病疫

苗要每年施打。

因为现在有许多不同的非核心疫苗，以及心丝虫、蜱虫、跳蚤、体内寄生虫的预防方式，宠物医师会依据动物的生活环境、主人的偏好调整及使用。

值得一提的是，有种致命的病原会经由老鼠或狗狗的排泄物和分泌物传播，叫作钩端螺旋体，也会传染给人。所以建议狗狗成年后还是要每年打预防针，当然也有不能打预防针的情况，但通常由宠物医师评估决定。

鉴于偶尔会有打完三次犬六联的幼犬依旧罹患疫苗所预防的传染病，因此国际最新的疫苗计划建议，可考虑将1岁龄补强的预防针提前至6月龄施打。

健康检查

1. 刚领养的狗狗

建议将检查重点放在传染病的筛检和粪检上，因为幼犬在刚换环境时容易诱发潜在疾病，若家中有其他宠物则更是强烈建议给新来的幼犬做健康检查。如果有费用上的顾虑，则至少要将刚养的狗和家

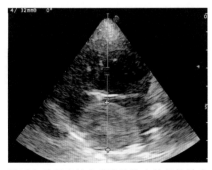

透过心脏超声检查发现狗狗心基部的肿瘤
（照片提供：宏力动物医院冯宗宏医师）

中宠物隔离观察两周。

狗狗有一种可怕的疾病叫"犬瘟热"，可以靠空气传染，传染性强、死亡率高，就算在家隔离也难保证不会传染给其他狗狗。建议先确认家中其他狗狗有定期施打疫苗，再加上隔离处理，则可大幅降低被感染的概率。

幼年动物的照护是需要多费心的。环境的转换可能引起幼犬一些短时间的肠胃症状，所以食物最好先按照上个饲养者的喂法，等适应环境后再慢慢转换。这个年纪的宠物身体比较虚弱，常常一点小病都会变得很严重，更何况还容易被致命的传染病攻击，原则上只要发现宠物精神食欲变差一天以上，就要咨询医师。

2. 年度健康检查

动物是不会说话的，等到发现狗狗有病痛时，常常已经延误了最佳治疗时机。每年趁打预防针时带给医师做体检，可以趁早发现、治疗疾病，降低狗狗受病痛折磨的概率。狗狗依体型不同，老化程度也不同。原则上狗狗体型越大，老化越快，寿命越短。

6 岁龄以后的中大型犬，长肿瘤的概率很高，带来就诊时狗狗的病情往往已经非常严重了，很多时候主人都还来不及做好心理准备，它就已经去当天使了。病情恶化速度之快，让主人常错愕地说："上礼拜还好好的，怎么会那么突然！"但是检查结果常会告诉我们，这些问题其实已经存在一段时间了，只是狗狗不会说话，又没有定期检查，真的很难去发现。

小型犬经常有气管、心脏的问题，尤其是心脏问题。幸运的是，小型犬的心脏问题大部分可用听诊器发现。只要每年去打预防针，医师听诊检查发现后，就会告诉主人这个问题，并告知是否要进一步检查、在家要注意什么情况等。狗狗的心脏病发作后开始出现肺水肿时，会呼吸困难、缺氧，然后死亡，这是需要立即就医的紧急情况。

　　很多主人因为不了解狗狗的心脏病，对这个问题不够警觉，等到发现它咳嗽、呼吸困难才就医，运气不好的话狗狗在去医院的途中就走掉了，所以不要小看定期去医院体检这件事。我就曾遇到过带狗狗来看皮肤问题，检查后意外发现它已经患有肺水肿了，因为"刚好"来看皮肤问题，而救了一条命。

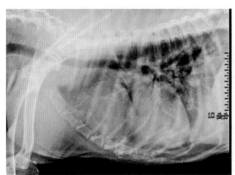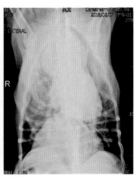

拍 X 光发现狗狗的胸腔团块（照片提供：宏力动物医院冯宗宏医师）

 **延伸阅读**

麻醉风险知多少

"麻醉一定有风险"，相信许多宠物主人早已有这样的概念，网络上也时不时传出由麻醉引起的纠纷，这让麻醉这件事在许多宠物主人心头蒙上一层阴影。

麻醉确实有一定的风险，但根据统计，术前评估完全健康与只有轻微健康问题的猫狗，麻醉的平均死亡率约在千分之一以下。最重要的，还是术前做好完整的评估，并与宠物医师讨论、衡量麻醉带来的风险与益处。谨慎，而不是一味恐惧，如此才能做出对宝贝最好的决策哦！

宠物美容院设"无麻醉洗牙"可行吗？

"无麻醉洗牙"是最近出现在宠物界的新名词，部分宠物美容从业者号称可以在不麻醉动物的情况下，改善口臭并去除或减少牙结石，有许多宠物主人为避免麻醉风险而选择尝试。

一般宠物医院执行的"牙周治疗"（俗称洗牙）远非清除牙结石那么单纯，牙结石、牙周病不单单是口臭、美观的问题，还会导致牙痛不适，长期下来狗狗身体会处于慢性感染的风险中。牙周囊袋和内侧结石，牙菌斑的清除、抛光，牙周的评估与拔牙的选择，都难以在无麻醉的状况下进行，并且需要宠物医师的专业判断。宠物主人可千万别做花了钱让宠物受罪，却又只有表面效果的冤枉事。

PART 4 >

宠物：mirror

年龄：1岁9个月

主人：sivona

医患关系

你我它

　　寻找适合的宠物医师、维持良好的医患关系，绝对是宠物家庭的终身大事！如果平时没有配合的宠物医师，等到生病时才打听医院，就诊时又对医师说的话存有疑虑、想换医院，很可能会因此延误宠物病情，也浪费自己的金钱与时间。这个章节会介绍如何选择宠物医师，以及医师的重要性。

　　另外，现在有越来越多的宠物医疗纠纷出现，一旦产生纠纷，对宠物、主人与宠物医师而言都是痛苦的经历。希望通过对宠物医疗的介绍，能减少主人与医院间的冲突与误会，建立良好愉快的三方关系，因为让宠物健康、远离病痛，是宠物主人与宠物医师的共同目标。

维持良好医患关系，需要做到这些

选择值得信赖的医院和医师

　　建议一旦开始养宠物，就一定要有一个负责打理宠物健康问题的常用医师。可以从住家附近的医院开始打听，多问问邻居、友人，

上网听听大家的意见，逛逛医院的网站等。

　　最重要的是到医院实际与医师接触、咨询，在交谈的过程中，观察医师对于你的提问是否有合理、能够说服你的见解，以及医师给宠物做检查是否仔细，是否有耐心且专注在你跟宠物身上，看诊方式是否适合你的需求。

　　适当的宠物医师不用有特别高的学历或特殊专长，医院也不需要具备昂贵、精密的仪器，只要能处理预防针注射，以及常见的皮肤、耳朵、肠胃、感冒等小病，能咨询日常生活问题就可以。而当宠物需要进一步的检查和医治时，好的医师会适时依据病情帮忙转诊至合适的医院就诊，不会耽误病情。

🦴 定期到医师处打预防针

　　不要小看固定时间打预防针这件事，定期回诊让医师看看，其价值并不是打打预防针那么单纯而已。打针前，医师会做基础的身体检查，询问宠物最近的状况，很多重大疾病都可能在这个时间点被发现，进而能够及时预防和治疗。

举例来说，医师可能在打预防针时，意外发现宠物乳腺有团块，及早处理可以降低肿瘤转移、扩散的概率；又可能借由固定执行的听诊，发现宠物心脏有杂音而建议安排检查，并告知心脏病方面的注意事项，这样便可避免哪天忽然发现宠物喘不过气、呼吸困难才抱去医院，结果却来不及救回它的命（这种情形我在医院里看过非常多次）。不同品种、不同年纪的猫狗都有一些好发的疾病，以及需要特别细心照顾的事情，有些异常如果能早点发现，就比较有机会治愈或对病情进行良好的控制。

所以，即使主人的经济状况不太理想，无法花费太多金钱在宠物的医疗上，也请记住至少打预防针的钱不要省，因为你得到的远不只是传染病的预防而已！也不要到处比较哪里打针更便宜，如果你挑了一家收费便宜的医院，医师却没有太多的时间和精力好好检查宠物，那最后吃亏的还是自己。

许多宝贵的信息，都可以在看诊时通过咨询的方式得到，所以就算宠物没有生病，最好还是养成定期到医院打预防针的习惯，也许就能避免可能的遗憾。宠物医师很多时候能让你不用花上千金，就可换取"早知道"。

🦴 辩证看待医师的意见

如果对医师的见解有疑虑，不妨更深入地询问细节；也可以上网查查信息，看看多数意见是否和医师的说法一致；若还是不放心，也可找第二个医师询问第二意见，而这"第二个医师"请务必找在该领域专长的医师。

比如说，第一位医师说家里狗狗的肿瘤疾病没救了，建议安乐死，你无法接受，那就要找专长治疗肿瘤的医师询问是否有不同看法。在找寻第二位医师咨询时，很多人会犯的错是只去找风评好或某某人推荐的医师，而不是专长该领域的医师，这样到头来可能还是无法解决你的问题。

如果医师的见解不同，也不用太困惑，因为很多时候就没有谁对谁错的问题，重点是考虑怎样的做法比较符合主人的需求与期望；如果仍无法放心，建议去该领域的专科医院或教学医院咨询。

现在医疗信息更新的速度很快，医疗科技也是日新月异，医师、病患能作的选择也越来越多。医疗决策常常是从很多好的选择中找出一个更好的，然而每个选择都有它的优点、缺点、风险及费用落差，也就是说没有绝对最好的选项，"对"或"不对"端看医师和主人如何扬弃、取舍出最适合自己和宠物的决定。这也是目前人类医学中流行的"医患共同决策"的趋势。

个人以为在较为棘手的病况下，一位值得信赖的主治医师应具备以下特质：

❶ 若有必要，会和其他医师讨论、会诊。

❷ 对病患、主人的处境具有同理心。你可以试着询问医师，如果今天这个情况发生在他的宠物身上，他会作什么样的选择。

❸ 具备该领域的足够经验。

❹ 能够详细和主人讨论病情、解释自己的看法，遇到比较重大的决策时，也会倾听主人的想法。

🦴 避开求名医的看病误区

人看病有崇拜名医、神医的误区，给宠物看病也是如此。一些宠物主人认为一个好医师要无所不精、包治百病。然而，事实是医师也是各有专长，虽然宠物医生尚且无法像人医一样普遍有分科诊所，但大部分医师都有其专长的专业领域。

举例来说，或许一位医师当年把宠物的骨折手术处理得很好，但若日后宠物又罹患了肿瘤疾病，不表示这位医师还一样能够妥善处理。

🦴 切勿只顾比较价钱

道理都是一样的：羊毛出在羊身上。医疗跟一般商业行为不同，不会试图去牟取暴利。有时候主人会觉得医疗费用太高，但这个费用可能关系到特殊耗材、技术或是高价位的仪器设备，或者单纯只是你不了解宠物医疗的行情。

宠物看病收费是有标准的，由物价监督部门进行监管，宠物医院是不能漫天喊价的。但有些特殊项目或个别情况，不会被列入收费标准，虽然订下的收费范围无法涵盖所有的医疗项目，但最重要的还是确认费用是否合理、能否接受，同意后再进行医疗行为。

很多宠物主人习惯精打细算，喜欢用比价的方式找医院。但是收费比较低可能代表成本也比较低，一般人不见得能看出来差别在哪里。举例来说，家中宠物要做一个骨科手术，两家医院费用不同；收费较高的医院可能用了比较好的设备、耗材和手术方式，手术医师花了大量时间进修、精进外科技术，有完备的麻醉监控设备，还有专人在手术中监控动物的生理变化，使麻醉的风险降低、手术成功率提高。用同样的名目收费，里边却有那么多的细节差异，你还觉得比价后挑便宜的就比较划算吗？

🦴 做好紧急状况的应对方案

有一些不可预知的情况必须立即就诊，如宠物突然换气困难、吃了已知危险的毒物、被食物噎到、创伤失血等，这时主人要及时就诊，或至少电话联络医师看是否送医前要先进行处置。

如果紧急状况发生在半

夜或清晨，一般医院还没有开始看诊，若等到医院开门可能会错过黄金急救时间，所以一定要知道离家最近的二十四小时营业的医院在哪，而且出发前最好先电话联络该医院，以防到院时发现急诊医师手边还有重症在处理，分身乏术，让你白跑一趟。

医患关系中还需要了解这些

🦴 医疗纠纷与不愉快的看诊体验

选择医院和医师这件事非常主观。宠物医师在业内的评价常常和宠物主人的评价相左，主要的差异是医师在意的是医疗质量、水平和设备，而宠物主人往往比较在意服务质量和收费。我自己的朋友曾在区域最好的医院就诊时，因为医疗人员在打点滴上针时弄痛了自己的宠物，就表示再也不去那家医院了！但身为医疗人员的我，能理解打针是否弄痛动物跟医院的整体水平、质量并没有太大关系，但认知上的落差，往往就是出于这样的小事件。

网络评价跟医院的实际情况也经常有所出入。因为大医院通常看诊量大、重症比例高，医疗纠纷就相对比较多。纠纷的产生经常是来自宠物主人的期望与现实结果之间的落差，或者是收费认知上的差距，更有人就是单纯主观地不喜欢或不信任某医院与医师。

其实大部分的误解和纠纷，只要冷静理性地沟通，就能厘清事实真相。但确实很多人会选择把自己的不满放在网上或找媒体发泄，恶意抹黑或扭曲事实，甚至以此来威胁医院。

没有医师是为了恶意伤害宠物，才挨过漫长、辛苦的学医生涯的。在网络上经常看到很多业内公认的好医师，因为宠物主人的主观感受而被贴上"黑心""恶意""没良心""没爱心"等负面标签，再加上不明就里的网友一味帮腔，这难受的心情成为很多宠物医生共同的经历。

有些医院深知这样的中伤会影响医院的口碑，便任由主人要求赔偿、息事宁人；有些医师则黯然心碎，默默退出临床工作。需要一再强调的是，网络上存在负评不代表医院不好；没有负评不代表一定就是好医院。正如媒体人罗振宇所说的："不要以为多元化就是事实，会自动呈现在你面前，越是多元化看到的世界越扭曲。"你最信任的医师可能是其他人反感、排斥的医师；你认为没能力、没医德的医师可能救过无数的生命，帮助过很多家庭的宠物渡过生死难关。

🦴 目前动物医疗所面临的困境

相信有带宠物去看过诊的宠物主人一定会感觉动物的医疗比人昂贵。这绝对是对宠物医师产业的误解！其实感觉上很昂贵的动物医疗，利润反而相对低，而且低很多。

因为利润相对低，医院就有可能用更大量的门诊数、较长的人员工时以及广纳医疗项目来维持收入。不要觉得这些问题事不关己，因为门诊量大、专业分工不易、医师工作状态低落，都会影响到家中宠物的医疗质量。

下次看诊时，请记得提醒自己医疗费用真的不贵！也请体谅医师的辛劳，看完诊简单说声谢谢；对医院环境、医师的观感不好，也请不要对医疗人员恶语相向，考虑换家合适的医院吧！那些你不喜欢的医院、医师，在你看不见的时候，也在帮助其他的宠物。

请一定要记住，绝对不会有医师会存心伤害动物的，偶尔态度不尽理想，可能只是太累了。也不要再拿费用问题攻击医师，说医师没良心、死要钱，医疗费用都是按照各地规定合理收费的，医师也是人，也是需要养家的。

🦴 宠物经常需要做的检查

人的医学和动物医学其实大同小异，最大的差别在于动物不会说话，没有办法用言语表达自己的感受，但细心的主人还是可以发现宠物不对劲的地方。

通常主人带宠物来就诊，是发现它"不舒服"，

医师也看得出它不舒服，但不是只用看就能知道它哪里出问题了，所以需要做一些检查来厘清问题。很多人会觉得宠物医师看一看摸一摸病患，就应该知道它怎么了，甚至有人认为宠物医师做很多检查只是为了要赚钱。鉴于这些对宠物医师的误解，以下整理出一般宠物医院常对病患做的检查，包括基础检查、实验室检查（常见血液、体液检查）、影像学检查。

1. 基础检查

宠物医师给动物做基础检查，一般来说，会先询问宠物目前的状况及过往病史，再用眼睛观察、用手触摸、嗅闻气味、听诊，还有对体温、体重的测量。这个阶段医师会初步评估要直接治疗，还是需要做其他检查。

2. 实验室检查

血液、体液检查的范围很广，也很容易引起宠物主人的误会，他们常常以为抽一次血就能知道宠物身体里发生的所有事情。为了让主人们更容易明白宠物医师帮宠物检验的意义及项目，以下将其概分为二大种类叙述，分别是基础血液检验、传染病筛检和特殊检验。

a. 基础血液检验

基础血液检验可反映出宠物体内器官、功能的变化，在一般门诊中很常见。检查时机包括定期健康检查、麻醉前评估、生病时评估身体状况（指宠物生病不舒服、病情尚不明确时做此检验，以找寻病因线索）。

检查项目	检查目标
全血细胞计数（CBC）	评估红细胞、白细胞、血小板数量
NH3、GPT、GOT、ALP、GGT、TBIL	评估肝脏、胆道状态
BUN、CRE、IP	评估肾脏状态
GLU	评估血糖
amylase、lipase	评估胰脏状态
Ca	评估血钙
CPK	评估肌肉损伤
TCHO、triglyceride	评估脂肪指数
TP、Alb、Glob	评估血中蛋白质
Na、K、Cl	评估血中电解质指数

很多情况下，各检验数值会互相影响、互有关联，某些项目同时代表数种问题（比如白蛋白同时代表肝、肾、肠、营养等不同问题），必须由专业的宠物医师判读。

b. 传染病筛检

一般的传染病检测，必须寄送至实验室检查，较为耗时；有一部分的传染病可以在医院快速筛检。传染病筛检时机包括健康检查、生病症状、病史和其他检验结果疑似为某传染病特征时。在医院常见的快速筛检项目如下（快速筛检项目会随厂商研发、市场需求而变动）：

检查项目	检查目标
犬肠炎三合一检测	可一次检查 3 种常见引起犬只肠胃炎的传染病，包括细小病毒、冠状病毒、梨形鞭毛虫
猫犬梨形鞭毛虫检测	检测梨形鞭毛虫感染
犬呼吸道传染病	可一次检查 3 种犬只呼吸道的传染病，包括犬瘟热、犬腺病毒、犬流感
犬四合一 plus 检测	可一次检查 6 种病原，包括心丝虫、犬型艾利希体症、尹文氏艾利希体症、嗜吞噬细胞无形体症、片状边虫症、莱姆病
犬钩端螺旋体检测	检测犬只钩端螺旋体感染
猫瘟检测	检测猫瘟（猫细小病毒）感染
猫冠状病毒检测	检测猫冠状病毒感染
猫二合一检测	可一次检测猫白血病、猫艾滋病两种疾病也有厂商多加了一项猫心丝虫，制成猫三合一检测
猫心丝虫检测	检测猫心丝虫感染
弓形虫检测	检测弓形虫感染

c. 特殊检验

特殊检验指的是非常规检查的项目，或有特定需求而做的检验。种类非常多，在此列举较为常见的检验项目。

检查项目	检查目标
内分泌系统检测	中年动物的进阶体检方案依临床症状和其他检验。结果而怀疑有内分泌系统疾病时检测狗常检查可的松和甲状腺功能，猫常检查甲状腺功能
胰腺炎检测	临床症状和其他检验疑似胰腺炎时检测
胆汁酸检测	怀疑肝功能异常时检测
荧光染色试验	怀疑有角膜溃疡时检测
眼压测量	怀疑有青光眼或眼内发炎时检测
泪液测试	怀疑有干眼症时检测
血液气体检测	重症动物较常用到的检查检验目的为评估重症动物的血液酸碱值、评估患呼吸道疾病动物的换气状态
细胞抹片	常用来检查身体肿块和异常分泌物，评估是否为发炎、感染、肿瘤等问题
血液抹片	用以寻找血细胞异常的原因、线索
细菌培养/抗生素敏感试验	从怀疑被感染处，如皮肤、尿液、耳道等位置采集标本，确认有无细菌感染，以及何种抗生素对此细菌有效
霉菌培养	怀疑霉菌感染时采集标本来确认
尿液分析	常用于评估泌尿系统疾病、糖尿病

（续表）

检查项目	检查目标
病理切片	常用来确诊肿瘤疾病及确认肿瘤类型
血压测量	有高血压、低血压疑虑，或罹患需定期监控的疾病如心脏病、肾脏病时检测
心电图检查	怀疑有引起心律不齐的疾病时检测
过敏原检测	宠物有特应性皮炎，想了解环境中有哪些过敏原，或有做脱敏治疗的意愿时检测
果糖胺	辅助诊断糖尿病及评估糖尿病患的血糖控制情形
血型检测	宠物输血前，鉴定捐血者、受血者的血型。有意愿捐血或预防家中宠物需紧急输血的，也可平时先做好检验

3. 影像学检查

目前在一般医院较常使用的基础影像学检查为 X 光检查和超声检查；常用的进阶影像学检查有内窥镜和计算机断层扫描（CT），这类检查需要麻醉且费用较高。基础的影像学检查经常使用于健康检查，不论是体检还是生病。什么情况下使用何种检查项目，需仰赖宠物医师的专业判断。以下以表格的方式简述。

检查项目	检查说明
X光检查	广泛使用于骨骼、牙齿、心、肺、气管及腹腔各脏器的检查，另外还有特殊情况会使用实时动态X光检查（透视仪）
超声检查	相较于X光检查，超声检查在眼睛、心脏、腹腔脏器等软组织中能获得更详细的影像信息
计算机断层扫描、内窥镜检查、核磁共振	需要在麻醉下进行，属于进阶的影像学检查。通常用于基础影像学检查无法确认问题，或需要更详细的评估时

偶尔会让宠物主人误会的是，有些情况做完检查就能有结论，并可以开始治疗；有些情况做完检查则只能搞清问题的方向，还需要再做更深入的检查，而更多的检查就代表更多的花费。

有时这种情况会让宠物主人心存疑虑，转而上网听取网友可能不够专业的意见和经验，就很可能扭曲了事情的真相，进而心生花了冤枉钱的感觉。因此，一定要向医师询问做检查的用意和必要性，如果有疑虑的话也请咨询其他专业的医师。

同样的症状有非常多不同的可能原因、治疗方式和预后。网友分享自家的宠物有这样的问题可是最后治好了，而其他网友的宠物同样的问题却不治死亡，结论就变成是宠物医生的疏失。这种论调在网络上有不少，但是容易被忽视的是，不能专业客观地分析疾病，往往会扭曲了真相。

🦴 医疗是把双刃剑

医疗本身就是双刃剑，有好的一面也有不好的一面，医师取其有利的一面，尽量避免它不好的一面。举例来说，预防针是为了避免宠物罹患致命的疾病，但它也有不良反应；很多手术是为了救宠物的命或给它比较好的生活质量，但麻醉和手术也有风险以及可能有并发症。

医疗的介入，是为了救命、延命、解除疼痛、提高生活质量或避免悲剧发生。医疗是否要介入、使用哪种方式、利弊分析、费用考虑，这些需要由专业宠物医师评估后，提供给主人来作决策。

有时候，有些主人因为接受了片面信息，而认为进行某些医疗行为是有缺点、有风险、有不良反应的，认为这些医疗行为反而会害了宠物，甚至质疑宠物医生做这些都是为了赚钱、都是因为厂商给了好处。

但真相是，每种医疗行 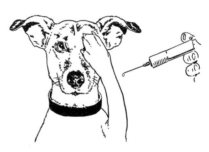 为背后都会有缺点存在，所以才需要由专业的宠物医师评估，不然每个主人只要自己上网查数据，就可以帮宠物治病了！如果宠物主人一直这样因噎废食，反而会导致宠物无法从病痛中解脱。

延伸阅读

宠物医生收费差异大，
依据个体需求选择对应医疗资源

很多人带宠物看诊时都会对收费细节有所疑问，比如说每家医院收费标准不一、收费超出预期、收费项目是否必要等。因为每家医院的人力、设备、专业分科的程度、使用的药品及耗材都有不同成本，而且差距可能是很大的，所以各家医院也很难达到收费完全一致。

以人力来说，一个人完成手术跟一个团队完成手术的人力成本差很多，但对于麻醉的安全、手术的精致也会有所差别；以设备来说，动物医院的超声检查的收费标准差距非常大，因为超声检查仪器的成本可能差十倍，自然收费也会差十倍，但相对高级的仪器对于影像诊断的准确度会更高。

其他高级的影像诊断仪器如计算机断层扫描（CT）、核磁共振的成本更高，收费高昂也很合理。以专业分科来说，专科医师的收费通常比一般门诊医生高，但专科医师也较一般医师更能处理特定疾病。还有其他诸如药品、耗材的不同等因素也会影响收费。

很多宠物主人很在意看病收费的性价比，也很常用收费高低来评价医院和医师的医德、爱心、能力。照理说，为了降低收费而降低成本对宠物医生来说才是比较安全的做法，偏偏很多宠物医生为了给宠物高水平的医疗质量，还是选择冒着被批评的风险，增加这些主人可能看不到的隐形成本。

如果主人们能了解收费有差异的原因，就能降低因收费认知差异引起的不愉快。不是说高收费就一定比较好，最重要的还是依每个宠物的需求、主人的经济能力来选择不同的医疗资源。

PART 5 >

宠物：豆豆

年龄：5 岁

主人：小何

生活中

常见的危险因素

我们人类在日常生活中，会懂得避开已知的危险情形，但是宠物常常不了解环境中有什么事物会对自己造成危害，因此为宠物的生活环境把关的责任，自然就落在了身为宠物主人的我们身上。

有些常见的盆栽植物（如百合）、食物（如洋葱、葡萄）就可能对宠物造成严重的伤害！身为主人的你，一定要知道环境周遭有可能对宠物造成危害的事物有哪些，才能避免宠物误触危机。

🦴 二手烟

据统计，家中有人抽烟的话，宠物罹患呼吸道疾病甚至癌症的概率也会增加。相信人类都了解抽烟对自己身体的伤害，但如果这不能成为戒烟的动力，那就多为宠物的健康着想，别再让宠物吸二手烟了。

二手烟会让宠物生病

乱吃会出事的东西

不管家里的宠物是吃饲料还是吃
主人做的鲜食，千万注意不要让它们
有机会吃到以下的食物，尤其是宠物
主人自己准备鲜食时，一定要注意这
些食材。

避免让宠物吃重口味的食物（照
片提供：庄贵萍）

1. 吃了会导致中毒、生病的常见食材

食　材		误食后果
	洋葱、葱、蒜、韭菜	可能造成溶血、贫血。市面上有些宠物食品中含有微量大蒜成分，但一般是在宠物食品公司研究、精算过的安全范围内的，如有疑虑可向该食品企业或是宠物医师咨询，只凭个人感觉，不经计算、随意喂食这类食物是有危险的
	葡萄、葡萄干	可能导致肾衰竭
	巧克力、咖啡、茶类或含可可碱、咖啡因的食物	引起神经、心悸的问题

（续表）

食　材	误食后果
酒精	猫狗的肝脏不易代谢酒精，中毒后会引起呕吐、下痢、酸中毒、神经症状等
生面团	在肠子内发酵后可能会引起胀气、肠阻塞，甚至产生酒精造成中毒
乱翻垃圾桶	吃到腐败的食物会引起肠胃炎
熟骨头、鱼刺	尖锐的骨头、鱼刺可能会卡在消化道，如果肠胃道穿孔是可能致命的
菇类	即使不是毒菇，大部分的菇类对宠物来说都不容易消化
有果核的水果	果核可能造成阻塞，一旦阻塞就需要开肠剖腹取出
夏威夷果	会造成动物虚弱、发烧、肌肉震颤等
生鱼、生海鲜	可能会有寄生虫、细菌感染、过敏、下痢等问题。猫长期食用会引起维生素 B_1 的缺乏，导致神经性疾病
太咸、太油、太甜及各式香辛料与腌制食品	过咸的饮食对肾脏的负担大，易造成肾病；太油容易引发肠胃炎和胰腺炎。很多宠物都是精明的，一旦尝到重口味的食物就一发不可收拾，之后就会不吃正餐，甚至饿到吐也要坚持等到"美味"的食物。养成这种习惯的宠物日后生病都会很麻烦，因为挑食会让身体复原得比较慢，甚至病情容易恶化

2. 常被误食的毒物

毒物	误食或接触的后果
家人的药物	有些药物有香味，有时宠物会趁你不注意时吞掉。药物中毒会让肝肾受损、吐血、精神沉郁等
含木醣醇的口香糖、牙膏、漱口水	引起低血糖、肝衰竭
清洁剂、蟑螂药、老鼠药	摆放位置要确定宠物不会接触到。我就曾遇到乱咬管道疏通剂的小狗，四只脚和嘴巴都被灼伤，皮肤也溃烂了

有些植物会让宠物中毒

3. 会引起猫狗中毒致死的植物

高致命风险的植物	主要影响系统	临床症状
苏铁	肝毒性	呕吐、下痢、黄疸、虚弱、昏迷、癫痫等
毛地黄	心脏毒性	呕吐、下痢、虚弱等
夹竹桃	心脏毒性	呕吐、下痢、虚弱等

（续表）

高致命风险的植物	主要影响系统	临床症状
黄花菜	肾毒性（注：对狗通常是轻微肠胃问题，对猫为高致命危险）	猫：精神沉郁、呕吐、厌食等
百合	肾毒性（注：对狗通常是轻微肠胃问题，对猫为高致命危险）	猫：精神沉郁、呕吐、厌食等
番茉莉	神经系统	呕吐、下痢、颤抖、癫痫等
紫杉（红豆杉）	心脏毒性	呕吐、下痢、颤抖、癫痫等
葡萄	肾毒性	呕吐、下痢、虚弱无力等
葱、大蒜、洋葱	引起血细胞溶解（溶血症）	呕吐、下痢、虚弱、黏膜苍白等
番红花	严重肠胃道症状	呕吐、下痢、颤抖、癫痫等

注：更多详细对宠物有毒植物的信息可上 Animal Poison Control (ASPCA) 网站查询。

🦴 生水

主人喝什么水，就让宠物喝什么水（矿泉水例外，因为好发特定泌尿系统结石的宠物可能会增加患病风险）。我们生活中的自来水、生水可能藏有潜在病原，如梨形鞭毛虫等，可能会引起宠物软便、下痢等问题。另外要特别注意的是，狗狗如果在夏天去海边玩没有备水，口渴一直喝含盐的海水，可能会导致盐中毒而出现系统性不适的中毒症状，常见症状有喝很多水、上吐下泻、共济失调、肌肉震颤，严重时甚至会癫痫。所以，狗狗外出一定要准备干净的饮用水，口渴随地乱喝水是不好的。

去海边玩不要让狗狗喝海水

🦴 肥胖

很多人觉得把宠物养得肥肥胖胖的很讨喜，老实说我也这样觉得。但是肥胖造成许多宠物出现严重的健康问题，在门诊中也是屡见不鲜。以下介绍肥胖的宠物常发生的健康问题。

丰腴的体态虽然可爱，但对健康不好

问题 1　呼吸困难

严重肥胖的宠物，脂肪大量堆积于体腔，可能会导致换气功能下降。如果同时还有其他呼吸系统或心血管疾病会加剧其严重性。有这种状况的宠物，只要天气较闷热或是稍做运动，就容易气喘、呼吸不畅，请注意，如果呼吸困难而缺氧是会致命的！

问题 2　中暑

肥胖的宠物也容易发生中暑。不要小看宠物中暑这件事，拖得太久同样会致命。宠物因为不会说话，不会主动表达自己不舒服，所以等到发现不对劲的时候，常常已经很严重了，尤其是短鼻品种更是容易出现这样的问题。常见短鼻犬有英国斗牛犬、法国斗牛犬、波士顿梗犬、巴哥犬、拳师犬、京巴犬、西施犬等；短鼻猫有波斯猫等。

问题 3　糖尿病

肥胖是诱发糖尿病的因素之一。除了可借体检及早发现外，如果主人够细心，发现宠物水喝得比以前多、尿得比以前多，就应该及早咨询医师。狗狗若有糖尿病，常被主人发现的征兆之一，就是白内障。

糖尿病的并发症有很多，随着病程的发展也会从容易控制的问题，变成多重器官衰竭而致命的重症。我曾经遇过的悲剧是，主人发现狗狗眼睛白白的，就去买白内障眼药水回来滴，却不知道狗狗已经有了糖尿病，等到发现不舒服的时候病情已经非常严重，最终花了大笔医疗费去治疗。

问题 4　胰腺炎

肥胖、高血脂、饮食过于油腻是胰腺炎的常见诱发因素。这种主要症状为吐、拉的病情可大可小，严重时可能会引起全身性的发炎而致命。千万不要因为宠物曾经上吐下泻但后来都没事而松懈，忽略了胰腺炎的可怕。

问题 5　关节问题

肥胖会增加关节的负担，恶化原本就存在的问题。常见的关节疾病包含中大型犬的髋关节问题、小型犬的膝盖骨疾病、猫咪的骨软骨疾病。体重过重也容易造成十字韧带的运动伤害。

问题 6　脂肪肝

这是胖猫要特别注意的问题，肥胖的猫几天不吃饭，就可能因为肝脏脂肪堆积而导致肝衰竭。

虽然我们喜欢宠物肉乎乎的感觉，但为了它们的健康着想，请不要胖"死"它们！以下是猫狗的体格状态评分（BCS）参考标准示意图。

其中评分 4 到 5 是理想体态，而评分高于 6 分以上的成年动物，罹患特定疾病的风险则有增加的趋势。我个人觉得稍微胖一点点无伤大雅，但绝对不要过头。

若是在宠物的体重控制上有困难，不妨寻求宠物医师的协助，就宠物目前的饮食、运动习惯和热量需求，制订更完备的体重控制计划。

狗狗的体格状态评分

过瘦

1. 肉眼从一段距离外即可看见全部骨骼的轮廓，外观无任何可见的体脂肪，肌肉量明显丧失，腰腹严重内凹。

2. 肉眼可轻易看见肋骨、腰椎、骨盆等骨骼轮廓，无任何可触的体脂肪，肌肉量少量丧失，腰腹严重内凹。

3. 肋骨能轻易被触及，可看出少量体脂肪但摸不出来，可见腰椎、背侧脊突和骨盆隆起处，腰腹明显内凹。

理想体态

4. 肋骨被少量脂肪覆盖但能轻易被触及，由上方观察可轻易分辨腰部，侧面可见腹部明显内缩。

5. 肋骨被适量脂肪覆盖但能轻易被触及，由上方观察可分辨腰部，侧面可见腹部明显内缩。

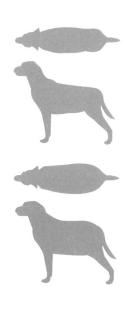

过重

6. 肋骨周边脂肪稍多但仍可被触及，由上方观察可分辨腰部，侧面可见腹部内缩。

7. 肋骨周边脂肪过多、难以触及，由上方观察不易分辨腰部，侧面可见腹部稍微上提。

8. 肋骨被大量脂肪包围、几乎无法触及，无法分辨腰部，腹部无上提的情况且可能膨大。

9. 肋骨被极大量脂肪包围无法触及，腰部腹部无内缩且膨大，颈部、胸部、背部、尾根等处可能有脂肪堆积。

猫的体格状态评分

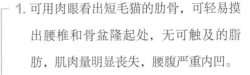

过瘦

1. 可用肉眼看出短毛猫的肋骨，可轻易摸出腰椎和骨盆隆起处，无可触及的脂肪，肌肉量明显丧失，腰腹严重内凹。

2. 可用肉眼看出短毛猫的肋骨，可明显摸出腰椎，无可触及的脂肪，肌肉量丧失，腰腹明显内凹。

3. 肋骨能轻易被触及、有极少量脂肪覆盖，可明显摸出腰椎，腰线明显，腹部内缩且仅有极少量脂肪。

4. 肋骨可被轻易触及、有少量脂肪覆盖，腰线明显，腹部稍微上提，无脂肪垫。

理想体态

5. 肋骨被适量脂肪覆盖但能被触及，腰线明显，腹部稍微上提，有少许脂肪垫。

过重

6. 肋骨周边脂肪稍多但仍能被触及，可见腰线，腹部可见脂肪垫。

7. 肋骨周边脂肪过多不易触及，不易分辨腰部，腹部呈圆形且有中量脂肪垫。

8. 肋骨被大量脂肪包围、几乎无法触及，无法分辨腰部且有脂肪堆积，腹部呈圆形且有明显脂肪垫。

9. 肋骨被极大量脂肪包围无法触及，无法分辨腰部，腰部、脸颊、四肢等处有脂肪堆积，腹部膨大且堆积大量脂肪垫。

🦴 走失

如果宠物平常就爱乱跑、逃家，请记得在项圈上留下联络方式或提前植入芯片。如此一来，捡到宠物的好心人士才能有效率地在第一时间联系到主人。

如果宠物身上没有任何联络信息，可在走失地点附近的宠物店、动物医院询问，并留下联络信息。如果几天都没消息，建议制作传单或上网请求协寻，也需多留意捡到的人可能也会制作传单、上网协寻。

为避免宠物走失，建议植入芯片或在项圈上留下联络方式

🦴 不适当的照护习惯

宠物的定期基本照护包括清洁耳朵、梳毛、剪指甲、洗澡、挤肛门腺等。但是照护的频率太高、太低，或照护方式错误都可能会引起宠物的不适。

1. 不适当的耳朵清洁方式

如果宠物容易有耳垢，基本上1～2周清洁一次就足够，可使用猫狗专用的洁耳液，但不建议自行使用耳药，耳药的使用最好交由医师评估。还有，不要自行在家拿棉花棒或棉花伸进动物的耳道深

定期清洁耳朵的乖狗狗（照片提供：戴伊岑）

处清洁，这样容易把耳垢推进更深的耳道，而且棉花可能在过程中掉进去拿不出来。

2.定期梳毛的重要性

梳毛可以避免毛发打结，进而防止皮肤被闷住而发炎。尤其猫咪如果不常梳毛则要定时使用化毛膏，避免猫咪理毛时吃进太多毛球卡在肠道造成不适。

3.帮宠物剪指甲

宠物的指甲可能会因为没有定期修剪而长太长，最后倒钩刺进肉里。建议3～4周剪一次指甲，剪的位置不要离基部粉红色的地方太近，避免出血。

长毛品种要定期梳毛避免毛发打结（照片提供：叶承萱）

如果指甲颜色太深，看不到基部粉红色的地方，让你不知如何下手，建议还是请教医护人员或美容师。可以事先准备止血粉，万一出血能够迅速止血；发生出血时用指尖捏取止血粉，压住出血处约1分钟，之后确认是否已经止血，若仍在渗血则重复上述步骤。

剪指甲

注意不要让洗毛精流入宠物眼睛

4. 不要使用人的沐浴乳、洗发水

猫狗的皮肤生理和人类不同，其皮肤的 pH 值和代谢都和我们大不一样，用为人类设计的清洁产品为宠物洗澡，可能会对其皮肤造成刺激。

5. 这样洗澡最健康

正常狗狗建议 1 ~ 2 周洗一次澡，猫咪则几个月洗一次即可。

洗完澡后猫咪眼睛不适（照片提供：陈品儒）

"怎么啦，你 亥 猫狗不 生病？"

宠物：巴哥
年龄：1岁
主人：AU天帝

健康的猫咪会自己理毛，所以很多猫咪不洗澡也不会有皮肤问题。

罹患皮肤病的宠物可能需要以药浴的方式治疗，因而会暂时增加洗澡频率。根据皮肤状况不同，适合的洗毛精也会有所差异，比如说皮肤感染时适用抗霉抗菌配方，皮肤瘙痒时适用止痒配方，其他还有保湿、抗皮脂溢、抗体外寄生虫用途的洗毛精，但此时洗毛精的选用必须交由医师评估，切勿自行判断。

另外要注意的是，请避免让洗毛精流入宠物眼睛，洗毛精的刺激可能会引起结膜炎，严重的话甚至会造成角膜溃疡。

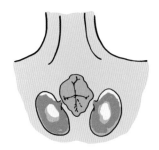

肛门腺的解剖构造

6. 肛门腺的护理

不论是狗狗还是猫咪，都有肛门腺这个神秘的构造。肛门腺共有两个，分别位于肛门口的 5 点钟与 7 点钟方向。正常肛门腺内的液体会随着排便或兴奋、紧张时排出。

如果肛门腺内的液体无法顺利排

挤肛门腺（照片提供：戴伊岺）

出，而主人也没有定期帮宠物挤，累积的液体就会导致肛门腺肿胀、发炎，所以建议每数周触摸肛门腺一次，如果摸起来肿胀就建议用挤压的方式排空肛门腺液。每只宠物累积肛门腺液的速度不同，也有很多猫狗会自行排空而不用特别去挤它，但重点是定期去触摸有无肿胀。

肛门腺肿胀、发炎导致宠物不舒服时，主人可能会发现它们有磨屁股、想咬或舔屁股、排便疼痛、排便时里急后重等状况，严重的话会发现肛门腺的位置破溃、红肿发炎、流出液体。

挤压肛门腺的方式为举起尾巴，分别用拇指与食指隔着纱布棉或卫生纸，按压肛门口 5 点钟与 7 点钟方向的肛门腺。由肛门腺下方轻轻往肛门口方向按压，就可顺利挤出肛门腺液。

挤肛门腺须注意以下事项

❶ 如果从没帮宠物挤过肛门腺，建议由有经验的人亲自带领示范。

❷ 如果宠物从没被挤过肛门腺，这个突然的动作可能会招致宠物的攻击。

❸ 肛门腺液味道很臭，记得注意环境清洁。

🦴 不适合宠物的运动空间

地板太滑会增加宠物关节负担，容易造成运动伤害，尤其是关节原本就不好的宠物，可能会因此加剧病况的进展。另外，常走斜坡、楼梯也对关节不好。

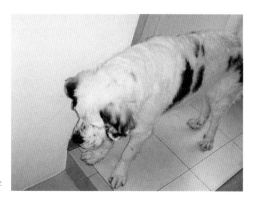

长期爬楼梯对宠物关节不好

PART 6 >

宠物：肉肉
年龄：6 岁
主人：关关

把握宠物
就诊时机

除了预定的健康检查、施打疫苗、紧急状况需要就诊外，平时还有哪些情况需要带宠物来看医生呢？在很多显而易见的状况下，主人应该能够明白宠物需要医疗协助；但让医师们扼腕的是，有许多比较细微的疾病征兆，一般宠物主人经常不以为意，而最终拖至重病。

请听懂它们正在说 SOS

🦴 常被忽略却很重要的迹象

以下所列为常见、易被忽略而延迟就医，但有可能演变成严重后果的征状。还有很多其他的情形无法一一列举，重要的还是平常多留心，并且别嫌麻烦，咨询一下宠物医师。

❶ 没有特定因素（如大量运动、环境温度高、体液流失），宠物却有喝

动物不会说话，身体不舒服时需要靠主人察觉

很多水、尿很多的迹象。

❷ 精神食欲变差一天以上。

❸ 短期频繁或是长期持续地呕吐、下痢，甚至带血。

❹ 黑便。

❺ 突然眼睛疼痛不适、长期有分泌物。

❻ 咳嗽、气喘、鼻子有血或脓状分泌物。

❼ 行走姿势异常，四肢或后肢无力、瘫痪。

❽ 尿色、尿量、排尿习惯、排尿姿势的改变。

❾ 黏膜苍白或偏紫、眼白或皮肤偏黄。

❿ 行为、意识的改变。

⓫ 不由自主的肌肉抽动。

⓬ 体态消瘦。

⓭ 皮肤、毛发性状的改变，比如皮肤变薄、脱毛。

🦴 肉眼看得到或摸得到的肿块

对于看得到或摸得到的肿块只有一个原则：及早咨询宠物医师。切记要找有肿瘤专长的医师。一般医师初步会先用细针穿刺，区分细胞型态（通常不用镇静、麻醉），评估是否要做进一步采样（通常需要镇静、麻醉）、手术。

处理此类型的肿块有几个原则：

❶ 恶性肿瘤越早发现、处理，越有治愈的机会。相对的，若恶

性肿瘤大到手术无法切干净或已经转移到身体其他地方，则表示这个问题将可能很快夺走宠物的生命。

❷ 长在乳腺的肿瘤建议都要及早处理，狗狗的良性肿瘤可能时间一久会变成恶性的。猫的乳腺良性增生则是另一回事（大部分可以借由绝育或内科治疗且预后良好），重点还是要交由医师评估。

❸ 不是每个肿块都需要手术切除。有些肿块可以先观察变化再决定处理方式。

❹ 猫咪疫苗注射部位肿块的处理原则在 Part 2 已提及，猫咪打完预防针后注射部位如发现以下任一情形就要就诊。

● 该处团块 1 个月后持续变大。

● 肿块大小超过直径 2 厘米。

● 超过 3 个月后肿块依然存在。

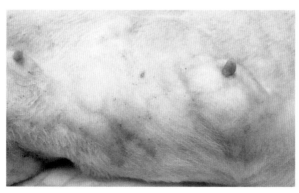

猫咪的乳腺团块（照片提供：广乔动物医院）

被忽略的产检

一般情况下，猫狗主人帮宠物配种、生育的风气很盛行，但产检的观念却相对不足。以人类的医学来讲，怀孕无疑是必须被谨慎对待的事情，因为不只关系到新生命能否顺利诞生，有所差池还可能危及准妈妈的生命安全；而在动物医学上，也没有理由不同。以下将提供几个基本的咨询或产检的时机点，供有意让宠物生育、抱抱"宠物孙子"的宠物主人们参考。

幼猫与妈妈

1. 有育种想法时

最好从准备配种前就带狗爸狗妈或猫爸猫妈给医生看看，评估一下准爸妈的健康状况，并确认疫苗施打和寄生虫预防有无缺漏，同时排除一些品种高发的问题。若准爸妈已有此类问题，或者罹患了特定遗传疾病则不建议育种。

有些国家甚至会给宠物做基因检测及特定传染病筛检，准妈妈还可执行阴道指诊，初步评估产道的通顺。宠物不论猫狗，请避免在第一次发情时就配种，成年后体格成熟稳定至进入熟龄期之前为配种的最佳年纪。（宠物的年龄分期，猫咪请参见第39页，狗狗请参见第56页）

2. 确认排卵

狗狗的最佳配种时机为排卵后的第二天和第四天。排卵日大约在阴部开始出现分泌物后的10～11天内，而在发现分泌物后就可以开始做确认排卵日的检验了。

目前常用阴道抹片检查和母狗的生理变化来评估最佳配种时机。据统计显示，阴道抹片加上内分泌系统检测可以提高评估排卵日的准确度，甚至可进一步使用阴道内窥镜。

阴道抹片检查比较便宜、快速、方便，内分泌系统检测则需要抽血，费用也较高。但最重要的还是要配合每个医师的评估经验。

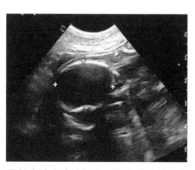

用超声检查确认怀孕，图为胎儿的头颅
（照片提供：宏力动物医院冯宗宏医师）

由于猫咪是交配诱导排卵，所以配种时机通常不太会有问题。一般建议母猫开始发情就可带至公猫家里（不建议公猫去母猫的地盘，公猫可能会因为换环境紧张而降低交配意愿），要交配的两只猫最好其中一只有交配经验。刚见面的两只猫咪可能不会一开始就有交配欲望，母猫经过运输也会有些紧张，所以两只猫咪需要一点时间适应，有时会长达 1 ~ 2 周才开始交配。

3. 确认怀孕

宠物并不像人类有怀孕早期的诊断工具，一般都要等到怀孕中期以后，才能借由腹腔触诊或超声检查确认是否怀孕，而 X 光的检查则要等到怀孕后期才有办法照出胎儿的骨骼。腹腔超声检查为诊断怀孕的首选检查，一般在配种后第 25 天，准妈妈们就可开始接受超声检查，以确认是否成功受孕。而超声检查也是最佳的评估胎儿活力的检验方式，若不确定配种日期也可借此估计预产期。

4. 怀孕后期

怀孕约 45 天时可接受 X 光检查，这时胎儿已较不受辐射线影响，并通常已发育出骨骼。

X 光是最佳的确认胎儿数量的检查方式，此检查的重要性，在于日后要确定有相同数量的新生儿产出，个人就曾遇到过宠物主人没发现仍有两胎未产出，最后死亡的胎儿造成妈妈的严重血液感染。比较胎儿和母体骨盆的大小，排除部分难产的可能，也是 X 光检查的价值。另外，母

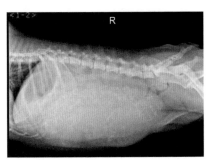

用 X 光确认胎儿数量（照片提供：宏力动物医院冯宗宏医师）

猫在分娩前最好可以进行血型检测，B 型血的妈妈可能会借由母乳造成新生儿溶血（A 型或 AB 型的幼猫喝到 B 型母猫的初乳，会因初乳中的抗体导致新生儿溶血致死）。

上述的时间点是基本的检查建议，详细的产检流程、频率和项目还是建议和信任的宠物医师就自己的预算与期望讨论决定。

5. 临盆与新生儿处理

有不少宠物主人不做产检，宠物要临盆了却又过度关心，甚至想带来医院待产，其实是本末倒置。

绝大多数的猫狗都能够在自家顺利生产，无端带到不熟悉的环境待产反而会延迟分娩的过程。宠物主人需要做的就是适度观察生产的过程，注意不要造成过多干扰，并了解什么情况需要人为介入、什么情况需要宠物

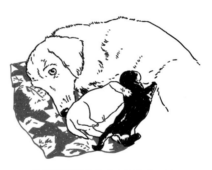

请帮妈妈及幼儿准备适当的环境

医师的协助即可。以下将提供宠物在家生产时需要注意的事项，给宠物主人们参考。

生产日

狗的分娩日约为交配后 65 天（58 ~ 72 天），猫的分娩日约为交配后 62.5 天（56 ~ 69 天）。宠物主人可在接近预产期时测量宠物体温或助孕素浓度，来确认其是否将临盆。通常妈妈的体温低于正

常值超过 1℃、助孕素浓度忽然锐减、开始有产前的行为变化、腹部
用力或外阴有囊泡，就表示小生命准备降临了！

环境

紧迫的环境会造成分娩的延后，建议准备安静、不受打扰、昏
暗的小房间或橱柜让准妈妈待产，也可以帮母狗准备产房。产房的
目的，是为狗妈妈提供合适的分娩环境以及为幼犬提供保暖、避免
受伤的环境。产房的基本概念如下：

❶ 四周用坚固的材质筑墙，墙的高度以幼儿无法爬出为宜。

❷ 留一个出入口让妈妈进出。

❸ 底下铺软垫让幼儿保暖、避免被妈妈压伤，软垫要选用可吸
水的材质，并要注意清洁。

❹ 在墙的内侧四周做一圈栏杆，避免妈妈翻身时把角落的幼儿
压死。

市场上已有商品化的产房可购买，如想亲手设计打造，也可先
上网看看产房的基本外观。

产房示意图

临盆处理

新生儿刚产下时，通常母亲会舔舐开幼儿身上的胎衣并咬断脐带。若新手妈妈不知道要如何处理，则可用温湿毛巾擦拭开胎衣；脐带可用一般的缝衣线在离胎儿约 2 厘米处绑紧，再由扎绑处的远端剪断，切记不可紧贴婴儿体表来绑线，也不可拉扯脐带，以免造成脐疝。之后使用药店能买到的婴儿吸鼻器清除新生儿口鼻腔中的黏液，最后将幼儿放回妈妈怀中。

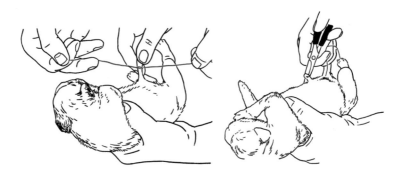

扎绑脐带和剪断脐带示意图

吸鼻器清除新生儿口鼻腔中的黏液

母亲及幼儿照护

最重要的就是确保妈妈和幼儿都正常进食。哺乳中的妈妈需要额外的养分，建议多喂些；新生儿理论上在出生后几分钟内就会开始积极进食，若母亲排斥特定幼畜吸奶，则需使用宠物专用的母乳替代物人为喂食，幼儿只数太多时（8只以上）也可额外补充喂食。

幼儿在两周龄内需每2小时喂食一次，2~4周龄则是4小时喂食一次。若幼畜没有主动吸吮切不可强喂；而每次人工喂食完后，都要用湿纸巾或棉球擦拭宝宝的会阴，以刺激幼畜便溺。

环境除了保持清洁外，还可为新生儿额外提供热源（母畜照顾良好则非必要），若使用电毯，一定要垫很多层布以免烫伤。另外，有些母畜生产后变得较有攻击性，宠物主人自身也要注意不要受伤。

怀孕后妈妈的饮食需要调整，建议改为怀孕专用食品并依食品包装的建议量喂食。很多宠物主人以为宠物怀孕后需要补充钙来增加妈妈跟胎儿的营养，这其实是不对的。母狗产后钙的补充，可以预防低血钙引起的产后瘫痪，但产前补充钙反而容易引起产后瘫痪。

产后瘫痪俗称产乳热，常发生在小型母狗产后几周内，症状为焦躁、共济失调、痉挛、癫痫等。

6. 需要宠物医生介入的时机

只要对母畜或幼畜的状况有任何疑虑，都建议咨询宠物医师的意见。以下简单列举部分常见需要宠物医师协助的情况。

哺乳中（照片提供：戴伊岑）　　　　人工喂奶（照片提供：戴伊岑）

幼儿会互相依偎（照片提供：
戴伊岑）

难产

难产可能造成胎儿和母亲的死亡，母畜接近临盆时，需要注意有无难产的征兆。（难产征兆请参见第 134 页）

新生儿异状

幼畜活力食欲差、拒绝吮乳、增重迟缓或持续哭号，可能表示有健康上的状况。新生儿虚弱死亡常见原因，有出生时体重过低、环境因素（没有被母畜照顾）、病原感染、寄生虫感染、先天异常、新生儿溶血（猫）等。

如何发现增重迟缓？

❶ 正常宝宝出生后，每天体重会轻微增加，至第 10 天时约
为出生时的两倍重。通常出生第一天内体重稍微下降一点，
是正常的。

❷ 狗狗出生的体重大约为 120 克（小型犬品种）~ 625 克（巨
型犬品种）。

❸ 猫咪的出生体重大约为 100 克。

母畜外阴分泌物

❶ 怀孕后期外阴如有少量清澈、无异味的分泌是正常的。但如
有深绿色、红棕色、恶臭或不正常分泌物时，需寻求宠物医师做影
像学检查，确定胎儿状况，死胎有可能会影响妈妈的健康。

❷ 正常妈妈产后 4 ~ 6 周内都会有外阴分泌物，从墨绿色变为
红砖色最后变为棕色，且量越来越少。如果分泌物为乳白色、鲜红色、
带有恶臭，分泌物量变多等，需与宠物医师联络。

照护上困难

虽然原则上最好让母畜和宝宝待在熟悉的环境，大部分的状况
也都可由宠物主人在家解决，但碰到意外状况谁都难免手忙脚乱。
没有把握妥善处理的话，可亲自向宠物医师询问一些操作上的细节；

若真的不行，还是得权衡是否交给宠物医院处理。

以正确的心态面对它们的离开

🦴 面对无法治愈的疾病

宠物逐渐老迈之后会开始罹患各种老年疾病。一些重大疾病如肝肾肿瘤、脑神经问题，随着病程演进，会渐渐进展至即使治疗也难有明显改善的地步，这样的情形称为疾病末期。疾病末期的宠物会饱受病痛折磨而变得虚弱，即使花掉庞大的医疗费，能够改善的概率和幅度也往往不理想。宠物主人承担庞大的经济压力，宠物也备受折磨，不久后却还是会离开。情感上，每个人对生命都有自己的衡量；现实上，每个人的经济能力也不尽相同。身兼宠物医师和宠物主人的我，认为面对重症末期无法治愈的病痛最重要的是安宁照护，即以减轻痛苦、缓和身体不适为目标进行治疗，陪伴动物尽

生命都会有走到尽头的一天

可能安稳地度过生命的最后一里路。

安宁照护的重点，是让动物活得有生活质量、有尊严，倘若真的连药物也无法减轻动物的痛苦，也许就该做好心理准备，考虑是否要让宝贝平稳睡去，当个不再痛苦的天使。

🦴 面对宠物的死亡

只要是把宠物当作家人的主人，面对死亡时必是十分伤心的。生老病死是生命的常态，也是必经之路，只是猫狗的寿命跟我们比起来短得多。坦然面对宠物死亡的事实，经历哀伤与追忆后还是要回归平常生活。经常会听宠物主人说早知道会那么难过就不养了，或是怕会再度难过以后不想养了。我自己也是个宠物主人，当然能体会这种感受，但会那么难过不正是因为曾拥有过它们陪伴的快乐回忆吗？如果因为不想哀伤就连快乐也不要，那人生是否会失去很多值得珍惜的时光呢？

台北市动物保护处 2015 年公布的台北市猫狗十大死因

2015 年度家犬死亡原因排序	死亡原因	统计数量
	癌症	56
	心血管疾病	37
	多重器官衰竭	33
	肾衰竭	12
	神经系统疾病	11
	自然死亡	8
	传染病	8
	创伤	8
	消化系统疾病	7
	胰腺炎	4
	呼吸系统疾病	4
	其他	12
	合计	200

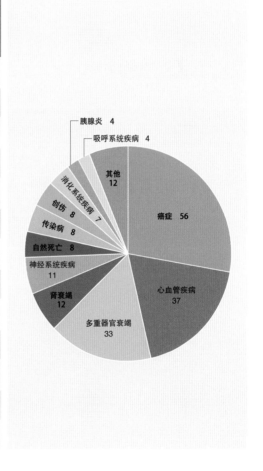

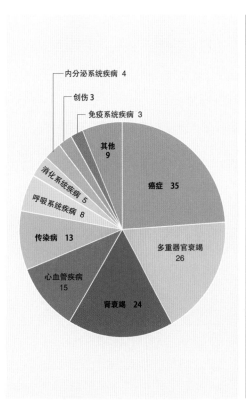

死亡原因	统计数量
癌症	35
多重器官衰竭	26
肾衰竭	24
心血管疾病	15
传染病	13
呼吸系统疾病	8
消化系统疾病	5
内分泌系统疾病	4
创伤	3
免疫系统疾病	3
其他	9
合计	145

2015 年度家猫死亡原因排序

家猫家犬常见死亡原因解析：

癌症

随着医疗进步，猫狗寿命得以延长。但和人类一样，它们在迈入中老年后罹患恶性肿瘤的概率也随之增高。猫狗的恶性肿瘤中，有些在早期发现治疗后有机会痊愈；有些在诊断后仅能靠治疗延长寿命或维持生活质量。

心血管疾病

狗的心血管疾病中最常见的是退化的瓣膜性疾病，当病程进展至心脏衰竭时，可使用药物延长寿命，外科治疗有更好的效果，但瓣膜修复手术费用高昂，且中国目前很难实施。

猫的心血管疾病中最常见的是肥厚型心肌病，以内科治疗、延长寿命为主。

多重器官衰竭

多重器官衰竭指两个以上的器官（系统）功能衰竭，是重症动物常见的并发症。致病的可能原因很多，如败血症、胰腺炎、中暑、肿瘤及其他系统性重症等。

肾衰竭

肾衰竭引起的症状中，以慢性肾损伤较为常见。造成肾脏损伤的原因包括遗传、肾损伤的病史、慢性中毒、肿瘤、原发性高血压等，但大部分的情况下无法确定根本原因。因为是慢性疾病，早期发现可以推迟病程，改善生活质量。

延伸阅读

常让宠物在家等你？小心别让它伤心

宠物跟人一样会感到孤单！瑞士从 2008 年开始，立法规定不可单独饲养金鱼、天竺鼠等有群居习性的动物，将宠物的"孤独"视为一种虐待。

家中的猫狗虽然未必需要另一只宠物做伴，但相对来说，宠物主人的陪伴就显得更为重要。许多动物的心因性疾病治疗，也会将"增加陪伴时间"纳入疗程中。提醒各位家长们，宠物的"心"，也跟人一样是会受伤的！

PART 7 >

宠物：奥利

年龄：3 岁

主人：莫雯皓

宠物送急诊

在我的职业生涯中，在诊间最常接到的一种电话就是："医生，我家的狗（猫）出现了×××的状况，需不需要带去给你看看？"

的确，在大部分的医疗状况中，我们决策的选项都包含了wait and see；但是有部分状况，则是刻不容缓地需要医疗介入。有些情境很容易判断，如车祸、癫痫等，但有些则需要更仔细观察才能及早发现。

本章节将列举常见的急诊状况，并解说该情况下宠物主人们能够进行的应急措施，以及如何快速有效地将关键信息提供给接手的宠物医师，在与时间赛跑的急诊状况中抢得一丝先机。

🦴 中毒

不同性质的毒物引起的中毒症状不同，宠物主人较常观察到的病症包括呕吐、下痢、精神沉郁、虚弱、昏迷、焦躁、流涎、颤抖、抽搐、气喘、呼吸困难、血尿等。

一般宠物医院处理中毒的方式包括催吐、洗胃、口服活性炭、使用解毒剂（若该毒性物有解剂）与支持疗法。刚发现宠物吃到有毒物时，最重要的是抢在毒物进入肠道前评估催吐或洗胃，减少毒物被身体吸收的量。但这些医疗措施有时间上的限制，因此当宠物有中毒疑虑的时候绝不要坐等观察，因为等到你观察到症状的时候，很可能已经错失了这些医疗措施的执行时机，治疗的成功率

避免宠物接触有毒物质

也随之下降。以下提供几个宠物有中毒疑虑时，第一时间宠物主人能够做的事项。

Step 1

若病患身上沾有有毒物质，可快速冲洗体表，挂戴伊丽莎白圈避免动物舔舐理毛。若发生呕吐，则需清理或将动物带开，以避免其再度食入。

Step 2

喂食清水或牛奶稀释有毒物质，这个动作可能会因病患排斥而执行困难，无须强求，若动物意识不清则不可执行，以免呛到。

Step 3

记下有毒物质的"成分""质地""剂型""食入时间""食入量""自行呕出量"等信息并快速送医，建议在送医时先致电宠物医院告知上述信息，让医生能够预先准备相应的措施。

注：环境中常见可能造成中毒的物质，请参见第87页。

🦴 癫痫

癫痫是突然发生中枢神经系统失调，造成病患意识的改变，以及身体的反复、非自主运动。在发作之前，宠物主人可能会发现动物有焦躁不安、号叫、躲藏等异常行为；发作开始时，动物通常会忽然倒下，失去意识或意识不清，身体僵直，

癫痫发作

并可能伴随颤抖、四肢划水、咬合咀嚼、号叫、大小便失禁等状况。

相信看到宠物突然倒地抽搐，没有哪个宠物主人能够坐得住。以下将提供给宠物主人们一些面对癫痫应该具备的重点知识。

重点 1 不要接近宠物的吻部

动物在癫痫时，可能会出现不自主的反复咬合咀嚼的状况，有些宠物主人可能会学电视剧中的做法，试图把毛巾甚至自己的手塞进动物口中，避免动物咬伤舌头，但事实是，癫痫中的动物鲜少因此造成严重出血，反而是任意塞东西到动物口中，可能会害宠物主人被咬伤。

重点 2 减少刺激、避免危险环境

并非所有癫痫都是急诊状况，当发作时，宠物主人可以先提供一个平稳、安静的空间来等待癫痫结束。若癫痫发生在会掉落下来的高处边缘（如阶梯旁、沙发上）、水边、马路边等危险地点，则需

要尽快将宠物移动至安全的位置。

重点 3　就诊时机

大部分的癫痫发作会在数分钟内结束，但若是持续超过五分钟以上，即属于急诊状况，需立刻就诊接受抗癫痫药物治疗！宠物主人可以用手机或钟表来确定发作持续的时间，以避免因为情绪影响而误判时间长短。另外，如果一天之内有两次以上的发作，也建议要尽早就医。发作时间太长或连续密集发作，可能会对宠物脑部造成永久性伤害。

🦴 中暑

中暑容易发生在湿热、密闭、直接日晒的环境中和激烈运动后，深色毛发、有心血管疾病或呼吸道疾病、短鼻类以及肥胖的宠物则更容易发生。夏天气候闷热潮湿，很多宠物主人又喜欢把动物养得胖胖的，加上流行养法国斗牛犬、波斯猫等短鼻犬猫，因此中暑一直是夏季宠物医院急诊室中的常见病例。

中暑的起因为动物的

把宠物放在闭密的车上又没开冷气，是中暑的常见原因（照片提供：戴伊岑）

核心体温过高，导致细胞、组织甚至器官开始衰亡，以及引起发炎的恶性循环。这时你可能会观察到宠物拼命喘气、舌头和牙龈的颜色变成深红、体表温度上升、意识模糊等；若较晚才发现，则可能会在宠物身上发现红色斑块，甚至发现时动物已经昏厥。

当发现宠物中暑时应让它补充水分，同时尽快送医。动物越早送医，宠物医师就能越快开始降低病患体温并给予支持疗法，打破高体温的恶性循环，进而阻止后续发展成严重或致命的病况。运送动物时优先选择有冷气空调的车子，在还没到医院前，可用冷水浴、冷湿毛巾敷等方式来为动物降温，但不可使用冰水。

中暑是可能致死的可怕疾病。在湿热的天气下尽量别带动物出门，尤其是存在上述高危特征的动物。热天带狗狗散步出门，时间久一定要补充水分，并且不时要在阴影处休息一下，同时避免狗狗

夏天太热狗狗会自己找阴凉处，记得要给宠物避暑的空间

情绪过度亢奋；也不可将动物单独留在密闭空间（如汽车内）或是无遮荫的开放空间（如楼顶）。

🦴 呼吸窘迫

大概不会有临床宠物医师反对，呼吸窘迫是诊间最令人紧绷的症状之一。从口咽、气管、肺脏到胸腔，任何与呼吸相关的器官出了问题都可能引起呼吸窘迫。当身体内的氧气总含量过低，细胞会开始死亡，器

呼吸困难的猫咪

官功能会开始丧失，动物的身体因感受到自身的缺氧状态，就不得不以更多的努力来获取氧气；当更多的努力仍换不回足够的氧气时，距离休克也就只剩一步之遥了。

及早辨认出动物处于呼吸窘迫状态，是成功治疗的第一步，所幸呼吸窘迫的症状并不难观察。典型的症状包括焦躁不安、呼吸急促（每分钟超过35次）、心跳加速、无法趴卧、张口呼吸、脖子伸直、手肘外扩、对外界反应差（意识集中于呼吸上）、呼吸用力（腹式呼吸）等，更严重时动物可能会出现矛盾呼吸（吸气时腹部反而凹陷）、发绀（舌头、牙龈呈深紫色）、意识迷离等现象。需要区分的是，在运动后和情绪激动时，动物的呼吸心跳也会变得快速，狗狗也会有

生理性的开口呼吸（猫咪少见）。

当发现宠物呈现呼吸窘迫的症状时，如果动物并不特别排斥，宠物主人可以先试着打开动物的嘴巴，观察是否有异物阻塞。若无法快速排除阻塞，或者症状不是由口咽的阻塞引起，则此时的第一要务就是尽快送医。要特别注意的是，绝对不可使动物激动，所有动作和语气都要尽可能轻柔，也尽量不要让动物穿衣服增加胸腔的阻力。到了医院后，通常医师会先尽可能稳定动物的呼吸状况，千万别一味催促医师做检查，万一因为检查的紧迫而导致病患休克就得不偿失了。

🦴 严重创伤

钝击、穿刺伤、咬伤、车祸、坠楼，当发现或怀疑宠物有此类创伤时，不管动物当下看起来如何，都绝对不要吝于跑一趟宠物医院。

表面上看起来稳定的动物，体内可能有许多潜藏且致命的状况正在发生着，如气胸、横膈膜疝、内出血、尿腹症、心肌炎等，这些都不是创伤当下就能简单观察到的。笔者就曾遇到过狗狗在车祸后看似没事，还能正常走进医院，却在就诊当下迅速虚弱瘫软，快速检查后发现其已经严重内出血，并有失血症休克迹象，于是紧急输血并开腹止血，才得以保住性命。试想，若是那位主人在事故当下决定多观察哪怕只是十分钟，等着他们的也许就是另一种结局了。

除了快速送医之外，宠物主人能做的是同时整理出稍后可提供给宠物医生参考的信息。动物受创的位置（如头部、胸部、腹部）、受创方式（如车祸是汽车或摩托车造成、车速快慢、坠落的楼层数）等，都有助于接手的宠物医生更快速地找出隐藏的伤情。

由于急性失血不容易反映在当时的血检数值上，因此动物受创后若有出血的情形，可以留意大约的出血量，比如用流在地上的血液面积来表示，可帮助宠物医生评估是否要做输血准备。

咬伤引起伤口化脓、肿胀（照片提供：黄庭慰医师）

最后宠物主人需要知道的是，受创伤的动物往往不只有单一器官的伤害，而宠物医师在处理严重创伤的病患时，会优先确认、处理"对生命有立即危害"的问题，比如气胸、内出血、脑损伤等。千万别催促宠物医师马上评估骨折、皮肤创伤等问题，或许这些问题在宠物主人的眼里十分触目惊心，但治疗上的时间限制却相对宽松，也不容易立即对动物的生命造成威胁。

难产

狗狗难产的发生率约为 2%，其中腊肠、吉娃娃、约克夏、斗牛犬等短鼻犬种又特别好发；猫的难产发生率比狗狗低一些，波斯猫、异国短毛猫（加菲猫）等短鼻猫种发生率较高。另外，肥胖、胎数过少、胎儿过大、骨盆狭窄、产道结构异常也都是难产的诱发因素。

猫狗的分娩正常可分为三期，第一期时，准妈妈的子宫颈会开始扩张，这时通常会看到母畜较为焦躁、没有食欲（可能呕吐）、体温下降，并且有筑巢的行为，可能会持续 12 ~ 24 小时；第二期时，准妈妈会开始收缩腹部与子宫，这时会看到少量、清澈或褐色、带有少许血液的分泌物流出（破水），小宝宝理论上会在这阶段产下；第三期则是娩出胎盘，正常发生在产出胎儿的 15 分钟内，第三期与第二期会重复交替直到生产完毕。

大部分的动物都能够自行完成分娩，但若处在下列状况时，则表示有难产的可能，建议尽快就诊检查，并在需要时进行医疗介入。

正常胎位

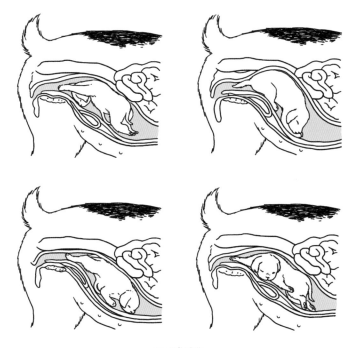

不正常胎位

❶ 超过预产期 7 天。

❷ 第一期持续超过 24 小时。

❸ 第二期总时间超过 4 小时仍有胎儿未产出。

❹ 腹部强烈收缩超过 30 分钟仍未产下胎儿。

❺ 胎膜出现超过 15 分钟还没产下胎儿。

❻ 两胎之间的间隔超过 2 小时。

❼ 出现脓状、明显血状、恶臭或绿色分泌物。

❽ 母体明显不适，肌肉颤抖、持续呕吐、发烧等。

然而最重要的还是要有产检的概念。经由产检，宠物医师可以进一步得到胎数、胎儿大小、胎儿心跳、妈妈骨盆的宽度以及胎儿的健康程度等信息，借此排除部分难产或死产的可能，同时也评估剖腹产是否为更佳的选择。

注：关于产检的详细信息，请参见第109页。

🦴 急腹症、肠胃炎

急腹症的定义为突然发生的腹部疼痛，任何腹腔脏器或腹壁本身的问题皆可能引起急腹症，而狗又比猫更容易发生。疼痛的表现方式会依宠物的个性而不同，一般宠物主人可能会发现宠物有拱背、腹部紧绷、跪拜姿等表现，还可能伴随呕吐、下痢、昏厥、虚弱等症状。

急腹症的处理重点，在于尽快判断是否需要进行紧急开腹手术，尤其胃扩张及扭转症、子宫蓄脓等疾病又是越快处理预后越好，因

狗狗腹痛可能会出现的跪拜姿

此当宠物有腹痛的疑虑时，要尽快就医检查，以防万一。

不管什么原因，短时间内大量水分的流失（吐、拉），都会让宠物突然虚弱。偶尔会看到已经吐、拉到虚脱、昏迷的动物，肛门还是像水龙头一样一直流水，及时打点滴、补充水分是治疗的关键。

🦴 毒蛇咬伤

中国的毒蛇多分布于长江以南地区，广东、台湾等地毒蛇更多，常见的毒蛇种类有赤尾青竹丝、百步蛇、龟壳花、锁链蛇、眼镜蛇、银环蛇等，依毒性可分为神经性、出血性及混合性。宠物常被咬伤的部位在脸部及前肢，猫狗只要有接触毒蛇的机会，都有可能因蛇咬而中毒。

❶ 神经性蛇毒（眼镜蛇、银环蛇）

伤口有时候不易发现，中毒后会有四肢无力、瘫痪、肌肉颤抖、呼吸衰竭、昏迷等症状。

❷ 出血性蛇毒（龟壳花、赤尾青竹丝、百步蛇）

伤口会明显瘀血、出血、肿胀、坏死、疼痛，并可能出现失血性休克。

❸ 混合性蛇毒（锁链蛇）

同时有神经性、出血性蛇毒的症状特征。

当宠物被毒蛇咬伤，理论上越早施打抗毒血清，治疗效果越好。但除非主人在宠物被咬伤的当时就发现并记录毒蛇的特征，否则宠

出血性蛇毒导致伤口肿胀

物医生很难在症状出现前就区分出蛇种，并在第一时间取得抗蛇毒血清，大多是需要等到蛇毒的症状开始出现，才能够确定适合的血清种类。

抗蛇毒血清不是每家宠物医院都有，一旦宠物被毒蛇咬伤，通常会导致情况危急。最好的预防方式，就是避免宠物与毒蛇有接触的机会，尤其夏秋季节带狗去郊外时，要注意是否为毒蛇常出没的区域。

🦴 眼睛急诊

如果突然发现宠物眼睛眯眯的、红红的，有不舒服状况时要及时就诊，有些情况如不立即治疗，可能会失明。

如果是短鼻品种的宠物，因为眼窝比较浅的关系，有可能会因为紧张、激动眼睛就掉出来；如果发现刚掉出来不要太紧张，先试着轻轻地隔着眼皮推回去，基本上刚脱出很容易就推回去，但如果脱出一段时间就可能会发炎肿胀，宠物感到不适，去磨

眼球脱出

去抓就比较麻烦了。

🦴 瘫痪

椎间盘疾病是引起瘫痪很常
见的原因，而腊肠狗更是最常发
此病的品种。如果瘫痪程度严重至
失去深层痛觉，则必须抢时间尽
快就医，拖越久复原概率就越低。

因为腊肠犬发生椎间盘疾病
的概率很高，所以建议平时要控
制体重，尽量避免跳跃、爬斜坡、
上下楼梯等运动。抱狗的时候要

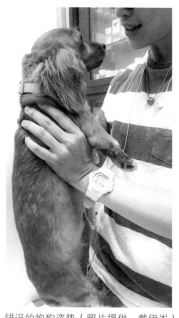

错误的抱狗姿势（照片提供：戴伊岑）

抱狗时注意让脊椎受力平均（照片提供：戴伊岑）

注意让脊椎受力平均，抱起时脊椎尽量呈水平状态。

🦴 排尿困难

如果发现宠物尿不出来，代表泌尿道可能已经堵塞了。当尿液充满肾脏，导致肾脏无法工作时，就会引起尿毒症，拖越久尿毒并发症就会越多。

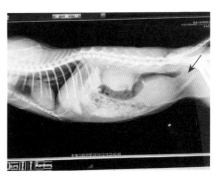

尿不出来导致膀胱胀大，箭头处为胀大的膀胱
（照片提供：广乔动物医院）

🦴 不该发生的急诊

说来感慨，我经手的急诊案例中，有一大部分都是属于"不该演变成急诊的急诊"。有的狗狗满身蜱虫如披鳞戴甲，因而感染艾利希体导致严重贫血；有的猫咪慢性呕吐不吃不喝一个月，最后撑不住才倒下；有的狗狗平常不预防心丝虫，最后咳血、呕血；还有宠物擅自停用、减用抗癫痫药物导致癫痫复发。

真的有太多太多的病例，是因为饲养者心存侥幸、一拖再拖，或是不愿配合宠物

虚弱倒下、失去意识为常见的急诊病况

医师开立的医嘱，才最终发展成急诊。结果不但钱花得更多，治疗的成功率也不如早期；万一演变成最坏的结局，更难免对当初一念之差遗憾万分。

 延伸阅读

百只动物关密封货柜，猫狗鸟遭活活热死

2016 年 8 月，某机场发生了三只狗、两只猫、一百多只幼鸟在无通风口的货柜内热衰竭、中暑死亡的事件。

宠物的中暑、热衰竭事件其实并不少见，这次出事货柜的暴晒时间约两小时，其实是对于一般宠物主人来说，有可能疏忽大意的时间长度。当天气闷热，记得多为宠物的环境留点心，毕竟它们是无法喊热的。

注：关于中暑的详细知识，请参见第 129 页。

PART 8 >

宠物：黑八
年龄：3 个月
主人：七天

可能会 [传染给人] 的猫狗疾病

本书收入这个章节，是希望养宠物时除了要为宠物负责外，也要确保家中其他成员的健康无虑。很多时候因为宠物主人对人畜共通的传染病缺乏认知，才造成了自己或家人的感染，或是引起不必要的恐慌。

基本上，只要家中宠物定期做健康检查、施打预防针、预防体内外寄生虫，不在外乱跑乱吃，不跟健康状况不明的动物接触，饲养宠物并不会对人类的健康造成什么威胁。

但如果家中成员有特殊情形，或有罹患特殊疾病的病人，就需要跟医师、宠物医师咨询养宠物是否会对病人造成影响，以及有没有需要特别注意的事情。除了病人之外，孩童也需要特别关注，因为孩童往往还没有养成良好的卫生习惯，并且尚未建立健全的免疫系统。

可能造成人畜共通传染的病原其实非常多，本章仅就目前较有可能出现的问题作介绍。我们生活中尚未出现的病例不代表将来不会有，但也不需要过度恐慌，防疫观念本来就要时常更新，不管民众还是医师都是一样的。平时多关心健康信息，如果出现什么让你担心的新疫情，再去咨询医师及宠物医师。

🦴 皮肤的霉菌

宠物的皮肤霉菌感染通常是经由直接或间接接触其他带有霉菌的动物、环境或人类所感染。猫狗的皮肤如果长霉菌了，偶尔会传染给人。人通常在皮肤免疫力比较差的情况下才会被感染，如果被感染了，皮肤会有一小圈红疹，而且会痒，但只要治疗很快就会好，不用担心。除了治疗霉菌，环境也要用抗霉清洁剂勤消毒，以防反复感染。

相对地，如果家人有脚气，用脚接触宠物也有可能传染给它，所以宠物主人也要注意。

长在眼睛下方的霉菌病灶（照片提供：黄庭慰医师）

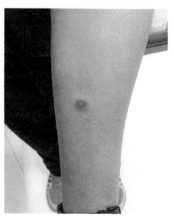

被宠物传染的霉菌病灶（照片提供：新竹筑心动物医院）

145

🦴 疥癣虫

疥癣虫是一种肉眼无法发现，要用显微镜才看得见的小型节肢动物，会经由接触传染，在动物和人身上都会引起剧烈的瘙痒感。

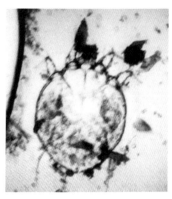

疥癣虫在显微镜下的外观（照片提供：戴伊岑）

动物感染的疥癣虫种类和人的疥癣虫不同，即使家中宠物身上的疥癣虫跑到主人身上，也会因环境不适应而只作短暂停留。但在人身上停留的短时间内，还是可能会引起瘙痒。预防方法为避免和流浪动物直接接触。

🦴 肠道寄生虫

肠道寄生虫是相对较广为人知的人畜共患病。要特别注意的是，家中如果有小孩，可能会在地上爬之后又把手放进嘴巴，进而感染宠物的肠道寄生虫。

蛔虫

受污染的粪便直接或间接（土壤）经口传染给猫狗，再经由猫狗的粪便直接或间接经口传染给人类，特别要注意小孩很喜欢把到处乱摸而弄脏的手放进嘴里而染病。

猫狗常见的症状为下痢及呕吐，人被感染后会因幼虫的移行（移行脑部会引起神经症状）、成虫的寄生（成虫住在消化道会引起呕吐、下痢）而造成不同系统性的疾病。

钩虫

由污染物经口或皮肤传染。遭感染的动物和人可能出现血痢、贫血等症状。

绦虫

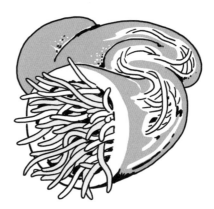

寄生在肠道的蛔虫

猫狗是由跳蚤媒介经口传染，再依同样方式感染人类。另外，不论是人类还是猫狗，吃了没有煮熟的肉类都有可能被感染（不同种类的绦虫）。绦虫感染动物和人都可能造成肠胃炎。

需注意的是，只要定期为宠物驱虫，这些肠道的寄生虫就不用担心。

🦴 梨形鞭毛虫

梨形鞭毛虫是一种原虫，会借由生水、污染物经口感染猫狗，再经由宠物粪便传染的途径感染人类。

动物和人类遭感染后，会引起软便、下痢。此病的预防方式为避免让宠物喝生水，并防止接触受感染的粪便污染物。

弓形虫

人类感染弓形虫可能的原因，包括吃生肉、未洗净的生菜，或是接触带有弓形虫囊体的感染物、土壤，若是接触后没有马上洗手，则可能经口感染。

健康的人感染弓形虫通常不会有症状，或者不适几天后康复，人体会自然产生抗体抵御，所以不用担心。可能会出问题的是免疫功能不全的人，比如说艾滋病患者、接受化疗的患者、服用免疫抑制药物的患者以及幼儿。

猫咪是弓形虫的终宿主，即猫在受到感染后会排出具有感染力的虫卵。但弓形虫经由吃猫食的家猫感染不太可能，除非主人喂它吃了不干净的生肉，或者猫咪有外出猎食的习惯。另外，猫咪就算被弓形虫感染，粪便排出后病原发展出感染力也需要一天以上的时间。而狗狗即使感染弓形虫，也无须担心会传染给人类。

比较被大众关注的问题，就是孕妇及胎儿了！因为一旦胎儿被弓形虫感染就可能有畸胎、流产的风险。如果孕妇之前曾被感染而身体已有抗体则不用担心；如果孕妇没有被感染过，那就要注意不能在怀孕期间被感染。

孕妇避免感染的方式

❶ 怀孕期间不要吃生肉，肉一定要煮熟。

❷ 蔬菜一定要洗干净，尽量少碰植物、土壤。

❸ 每天清猫砂，如果猫会外出或有其他疑虑，就请人代为清洁猫砂盆。

❹ 多注意可能被污染物品的清洁。

❺ 勤洗手，尤其是吃饭前。

🦴 钩端螺旋体

此病原为一种螺旋体菌，会感染并经由大部分的哺乳动物而传播，在都市常见由老鼠的尿液、身体组织传播，猫狗再经由接触带有病原的污染物而患病，污染物也会经由皮肤伤口、黏膜感染人类。

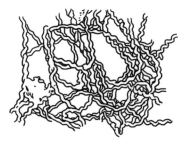

钩端螺旋体菌的外观

猫咪被感染通常不会有症状，狗跟人类则会出现轻重不等的症状。狗目前有疫苗可施打预防，但最重要的，还是不要让宠物接触老鼠、流浪动物、野生动物及其出没之处。

🦴 莱姆病

病原为螺旋体，经由蜱虫叮咬传播。2015 年加拿大歌手艾薇儿也因为被感染莱姆病而卧病在床数月。蜱虫来源不见得是家中猫狗，也有可能是野外的蜱虫。

早期症状为皮肤出现红斑及类似感冒的症状，如发烧、淋巴肿大、肌肉酸痛等。数周至数月后进入疾病的中晚期阶段，会出现心脏、神经、关节方面的病症。预防方法为帮宠物定期除虫，去野外要注意防虫。目前已有狗狗的莱姆病疫苗可施打。

🦴 猫抓热

这种疾病是借由跳蚤传播的，常见的感染模式是猫咪被带有汉塞巴尔通体的跳蚤感染后，再抓伤、咬伤人类造成人类感染，猫咪通常不会发病。

被感染的人常见症状有发烧、淋巴结肿大、肌肉酸痛等。通常健康的人不会有大碍，但是免疫力不好的人、15 岁以下的小孩可能会有较严重的症状，所以要记得帮家中宠物定期除蚤。

🦴 沙门氏菌

人类常因食物污染或环境不洁而被感染，常见原因包括食物没有煮熟、生食卫生没处理好、熟食被生食污染，感染来源包括生肉、生蛋、奶制品、生水等。人和动物感染的症状主要以肠胃炎为主，但严重时也可能引起其他器官的感染。

宠物除了被上述人类饮食感染外，喂食猫狗专用的商品化生食也有被感染的可能。沙门氏菌的来源包括喂食的生肉，以及其他吃生肉的宠物的粪便。生肉饮食的争议之一也在于此，万一宠物吃了生肉而感染沙门氏菌，也可能感染周遭的人类，进而造成公共卫生问题。

也有人认为，只要按照储存规定用正确的方式保存肉品，商品化生肉所带来的沙门氏菌并不会危及动物及人的安全；也就是说，即使宠物带有此菌，也不代表会让它生病，只要注意卫生清洁，也不会让人生病。

不管如何，若选择喂食生肉，记得要多注意食品保存及宠物粪便的卫生清洁。家庭成员如有幼童、老年人或免疫系统有状况的成员（化疗患者、艾滋病患者、糖尿病患者等），则需慎重评估喂食生肉可能带来的卫生问题。

🦴 狂犬病

狂犬病的恶名，相信主人们都不陌生。狂犬病主要由具有病毒的唾液经由咬伤、抓伤的方式传播。病原会从感染处移往脑部，引发致命的脑脊

狂犬病致死率极高

髓膜炎，被咬伤后越快就医治疗，越有机会降低发病的概率。

狂犬病的临床症状和传播方式

❶ 临床症状分三期

狂犬病的临床症状一般分为前驱期（prodromal phase）、兴奋期（excitative phase）及麻痹期（paralytic phase）三期。症状出现的前 2 ~ 3 天属于前驱期，此时宠物性情大变，温驯者出现神经质吠咬，胆小者变为活泼等，但常被宠物主人忽略；前驱期之后，可能出现狂躁型（furious form）或呆滞型（dumb form）的反应，狗有 75% 是呆滞型，但亦有二型交替出现的情形。两种类型的病犬均于前驱症状结束后的 3 ~ 7 天内死亡。病犬受伤处对人的触摸反应强烈。无论人还是猫狗，一旦出现症状就无药可救，因为病毒已经在大脑繁殖。

❷ 狂犬病的两种传播方式

狂犬病在都市主要发生在狗只泛滥、管理不善的脏乱小区；在乡村主要是狗与野生动物接触后病毒进入狗群，再感染人；蝙蝠也是重要的感染源之一。伤口不必大，只要有一个小小的伤口，唾液中的病毒即可造成致死性感染。

❸ **猫的临床症状**

临床症状与犬相似，但狂躁型的猫咪占病例的 75％，且前驱期很少会超过 24 小时，狂躁期会持续 1 ~ 4 天。患猫通常会躲到隐匿处，当人或其他动物靠近时，会凶猛攻击。患猫的瞳孔会放大、弓背、伸爪、持续喵喵叫、叫声逐渐沙哑。随着疾病进展到麻痹期，患猫的行动会逐渐不协调，接着后躯麻痹，然后头部肌肉麻痹，很快地就会昏迷死亡。

世界卫生组织（WHO）的狂犬病预防原则

❶ **猫狗施打狂犬病疫苗最重要**

疫苗注射率至少要达到 70％才能发挥防疫围堵效果，注射率高风险就小，为宠物注射狂犬病疫苗是宠物主人的社会责任。狂犬病是区域性的，降低小区风险要靠小区宠物主人的配合。

❷ **实行宠物登记，减少流浪狗与流浪猫，不要让猫狗在街上游荡**

因为狂犬病自然的传播方式是"咬"，故猫狗族群数越高，

互咬的概率就越高。狂犬病的记录显示，流浪狗是传播狂
犬病的主要途径，应该要实行宠物登记。欧盟发起的责任
宠物主人制度，是减少流浪猫狗最有效，也是最人道与最
无争议的方式。

一般咬伤

猫狗口腔内的细菌非常多，一旦被咬伤要立即用生理盐水冲洗
伤口，再用杀菌消毒液（如碘酒）清理伤口。初步护理伤口后要去
医院或诊所，医师会依据你的疫苗注射记录，评估是否要施打破伤
风针，并依据咬伤你的动物来源以及动物的疫苗注射记录，来评估
是否要施打狂犬病疫苗、免疫球蛋白。

要特别注意的是，因为被猫咬伤的伤口会比较深，因此可能会
造成深层组织的感染，不要一开始看伤口很小就大意了。

延伸阅读

不要弃养！它们的一生只有你

　　相信爱猫人士们对"侯硐"这个地名都不陌生。侯硐素来有猫街、猫村之称，近年来配合地方的规划，渐渐成为闻名国际的赏猫景点，却也间接成为了不负责任的猫主人弃猫的热门地点。

　　也许是宣传的光鲜景象和观光的悠闲气氛，让人产生猫咪都能在侯硐安身立命的错觉，但现实是，即使游客和居民能够确保猫咪的食物来源，流浪动物的平均寿命仍远短于家猫家犬。随意弃养的结果，很可能是让原本习惯居家生活的宠物在担惊受怕、饥寒交迫、遭其他流浪动物攻击及被车辆误撞的情况下丧命。

PART 9 >

宠物：雪豹

年龄：6个月

主人：张大富

宠物也可以看
中医

本章感谢中兽医师胡钧喨提供信息。

目前世界上医疗的主流是以生物、实证医学为基础的西方医学。西方医学的确能延长人类寿命，缓解、改善甚至治愈许多病痛，但对于一些慢性病、肿瘤疾病却无法满足病患的期望。

因此，辅助与替代医疗在全球越来越普遍，在亚洲非常普遍的中医，也是归类在辅助与替代医疗中。近年也将经科学实证的辅助，让替代医疗和主流西医结合为整合医学。当然，兽医也有辅助与替代医疗，目前兴起的替代医疗，即是中兽医。

🦴 什么是中兽医？

中兽医学的"中"指的是中华传统医学，也就是我们所熟悉的中医的"中"。因此，中兽医学简单来说，就是兽医师将中医的理论基础运用在诊断及治疗动物上的一门医学。

古时候，人们就开始运用中兽医学来帮动物治病，主要是治疗战场上的马和帮忙耕作的牛。经过先人们几千年不断累积经验，发展出许多有效的治疗方法，来解除病畜的痛苦，其中又以针灸、草药最为人所知。

中医养生观念一直融入在中国人的生活之中，因此越来越多的人能够接受让动物使用中兽医的治疗。而随着科研、教学、交流等努力，中兽医的治疗也越来越被认同，渐渐地也有更多兽医师加入学习中兽医的行列，着实是动物及宠物主人们的一大福音。

🦴 中兽医师如何看病、治疗？

中华传统文化所讲究的，其实就是"中庸"之道，运用在医学上，是希望生物体能够达到"平衡"的状态。中兽医师看病时，会通过询问宠物主人一些有关动物的问题，观察动物的眼、耳、鼻、舌、皮、毛的状态，并按压动物的脉膊等，也就是通过"望、闻、问、切"的方式来了解目前动物的身体状况。

由于动物无法用言语表达，生的病也和人类有所不同，因此中兽医师必须有极佳的观察力，并且了解动物可能发生的疾病，才能较成功地诊断、治疗疾病。

诊察结束后，如果有发现异常，发现动物身体有"不平衡"的状态，就可以利用针灸、中草药、推拿以及食疗给予治疗，使其恢复健康。

🦴 我家宠物有办法喂中药吗？

中药的型态，常见
的有水药、药粉及药丸。
其中，药丸可以直接喂
食，药粉则可以混合糖
水或蜂蜜喂食，水药因
为制作过程较费时，喂
食动物的难度较大，因此较少应用。

大多数的动物，对于中药的接受度都是比较高的，但若是其味
觉灵敏、较怕苦味，可以将药粉装入空胶囊中，再给予喂食。

🦴 中兽医跟西医比较的优缺点有哪些？

要了解中西兽医学的优缺点，必须先了解两者医学的理论基础。
大致而言，西医的基础是解剖、生理及病理学，为了找出问题，可
利用各种高科技仪器设备，定位出疾病所在，并利用手术、药物等
方法，修复或清除不正常的部位；而中医的基础是阴阳、五行及经
络，利用舌诊、脉诊等方式了解疾病，并使用适当的辨证系统诊断、
拟订治疗计划后，运用针灸、草药等方法治疗。

由此可知，西医有擅长找出病位、利用手术治疗的优势，可运
用在急症的治疗中，如外伤处理、剖腹产、子宫蓄脓等使用外科治
疗较佳。而科学研发出的药物，适用于大部分的病患，但有些药物

使用久了，会伴随着其他不良反应，像是心脏药久服伤肾、化疗药易伤身等。另外，西医对于身体不适，但找不出确切病位的这类病畜，较无法实施有效的治疗。

相较于西医，中医的诊疗若辨证正确，可制订符合个体所需的治疗，针灸或用药对于身体的伤害性小，适合治疗老年病及慢性病等问题，检查的费用一般也较西医低些。缺点是对于紧急处理、内脏器官修复等的治疗效果往往有限，且中药以口服为主，对于会呕吐或难以喂药的动物，较无法达到治疗效果。

总而言之，中西兽医都各有各的强项及缺点，兽医师们会依据动物的疾病，选择最适合的治疗方式，将各自的强项发挥到最好，而将缺点降到最少。

🦴 中西医一起搭配治疗好吗？

中西医各有自己的优缺点，在诊断或治疗上，采用共同配合确实有助于病畜，不过因为中西医的理论基础及治疗方法不同，需要有经验的医师来作整合，才能真正达到相辅相成的治疗效果。

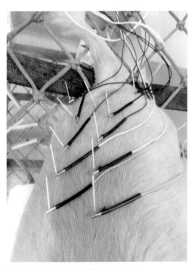

图为接受针灸治疗的狗狗

中兽医师较常处理的问题有哪些？

中兽医目前最常运用在神经系统方面的疾病上，其中又以后脚不能行走的问题，以及各种疼痛的缓解最为常见，而肾脏、皮肤及肿瘤等内科疾病，也有运用越来越多的趋势。

中兽医是如何养成的？

随着中兽医在国际上受到越来越多的认同，学习中兽医的人也渐渐增多。在国际上，有许多机构可以学习及认证。多重管道，对于有心想学习中兽医的医师，是一大好处。

 延伸阅读

惨遭断脚，狗狗用义肢开心奔跑

宠物或许比人类更懂得快乐！泰国的一只狗狗"可乐"，之前因为乱咬鞋子被邻居砍断双侧前肢，后来在动物保护团体的协助下装上义肢。装上义肢的可乐玩耍的视频在网络上疯传，开心的样子让人在不忍之余也由衷地受它鼓舞。

在宠物医师的工作中，不时需要作出截肢、摘眼等医疗建

议，也会碰到瘫痪、失明、失聪的病患，大部分宠物主人难免不舍。但多数宠物在失去部分身体功能后，仍很有精神地继续生活，对生活质量的影响往往比我们预期的更低。

而随着医疗的发展，我们能够提供给这些动物的帮助也越来越多，在此也勉励包含我在内的所有宠物主人们，不管遇到何种医疗抉择都先别急着灰心，因为宠物也许远比我们想象的更坚强、更懂得快乐！

附 录 >

宠物：豆浆

年龄：2岁9个月

主人：包哥

品种
高发疾病

　　不同品种的宠物有特定高发的疾病，这个章节希望能帮助主人们提前了解家中宝贝们可能发生的问题。

　　品种高发疾病指的是某品种罹患特定疾病的风险较其他品种更高，原因可能和该品种的基因、生活方式、个性等因素有关。

　　高发的疾病不代表一定会发生，没有列举出的疾病也不代表一定不会发生，只是从预防医学的观点出发，希望能帮助宠物主人及早发现问题。以下介绍以常见品种为主，依英文字母排序。

犬的品种高发疾病

犬 A：

犬种	高发疾病	高发且常见疾病
阿富汗猎犬 Afghan Hound	甲状腺机能减退、肛周腺瘤、白内障、角膜营养不良	喉痉挛、全骨炎、毛囊虫症

（续表）

犬种	高发疾病	高发且常见疾病
秋田犬 Akita	心室中隔缺损、眼色素层皮肤综合征、胃扩张/扭转、前十字韧带断裂、眼睑内翻、进行性视网膜萎缩症、青光眼、眼睛先天发育异常	全骨炎、膝关节脱位
阿拉斯加雪橇犬 Alaskan Malamute	秃毛X症、锌反应性皮肤病、凝血功能异常、软骨发育不全、肛门腺癌、肛周腺癌、皮肤肿瘤、白内障、角膜营养不良、青光眼	毛囊虫症、髋关节发育不良、原发性癫痫
澳大利亚牧羊犬 Australian Shepherd	库欣综合征、眼睛先天发育异常、白内障、慢性浅表性角膜炎、泛发性进行性视网膜萎缩症、尿结石（胱氨酸）	毛囊虫症、髋关节发育不良、原发性癫痫

犬B：

犬种	高发疾病	高发且常见疾病
巴吉度猎犬 BassetHound	心室中隔缺损、间擦疹、皮屑芽孢菌皮炎、足部皮炎、脂溢性皮炎、肘关节发育不全、肛门腺癌、黏液肉瘤、鼻腔肿瘤、鳞状上皮细胞癌、颈椎畸形、眼睑外翻/内翻、第三眼睑T型软骨外翻、青光眼、尿结石（胱氨酸）	全骨炎、膝关节脱位、椎间盘疾病

167

（续表）

犬种	高发疾病	高发且常见疾病
米格鲁猎兔犬 Beagle	多发性动脉炎综合征、肺动脉瓣狭窄、糖尿病、库欣综合征、甲状腺肿瘤、凝血功能异常、血管肉瘤、肛周腺瘤、皮肤肿瘤、原发性癫痫、白内障、青光眼、晶状体脱位、眼睛先天异常、第三眼睑腺体脱出、肾淀粉样变性、视网膜疾病	椎间盘疾病、倒睫
伯恩山犬 Bernese Mountain Dog	凝血功能异常、肘关节发育不全、组织细胞瘤、白内障、眼睑内翻、泛发性进行性视网膜萎缩症、遗传性肾病	髋关节发育不良、全骨炎、肩关节骨软骨病、原发性癫痫、子宫蓄脓
比熊犬 Bichon Fries	动脉导管未闭、先天肝门静脉分流、白内障、角膜营养不良、尿结石（胱氨酸/草酸钙/磷酸铵镁）	免疫性溶血性贫血、膝关节脱位、良性上皮组织肿瘤
边境牧羊犬 Border Collie	先天肝门静脉分流、白内障、先天眼睛异常、泛发性进行性视网膜萎缩症、晶状体脱位	髋关节发育不良、肩关节骨软骨病、睾丸肿瘤
波士顿梗犬 Boston Terrier	间擦疹、库欣综合征、肥厚性幽门狭窄、腭裂、血管环异常、肥大细胞瘤、黑色素瘤、脑积水、倒睫、白内障、角膜营养不良、青光眼、干眼症、第三眼睑腺体脱出、无痛性角膜溃疡、难产	特应性皮炎、毛囊虫症、膝关节脱位、会阴疝、短鼻犬上呼吸道综合征

（续表）

犬种	高发疾病	高发且常见疾病
拳师犬 Boxer	主动脉瓣狭窄、心室中隔缺损、扩张性心肌病、病窦综合征、足部皮炎、库欣综合征、甲状腺机能减退、甲状腺肿瘤、肥厚性幽门狭窄、腭裂、口咽部肿瘤、组织细胞性溃疡性结肠炎、胰腺炎、凝血功能异常、十字韧带断裂、膝关节骨软骨病、血管肉瘤、淋巴癌、肥大细胞瘤、黑色素瘤、骨肉瘤、原发性脑瘤、角膜营养不良、眼睑外翻、无痛性角膜溃疡、尿道括约肌功能不全、隐睾症、阴道增生/脱垂	致心律失常性右室心肌病、特应性皮炎、Callus dermatitis、皮屑芽孢菌性皮炎、口鼻部毛囊炎、全骨炎、会阴疝、肩关节骨软骨病、倒睫、睾丸肿瘤、短鼻犬上呼吸道综合征
英国斗牛犬 British Bulldog	主动脉瓣狭窄、肺动脉瓣狭窄、心室中隔缺损、间擦疹、足部皮炎、甲状腺机能减退、腭裂、凝血功能异常、前十字韧带断裂、膝关节骨软骨病、淋巴癌、肥大细胞瘤、眼睑外翻/内翻、干眼症、第三眼睑腺体外翻、视网膜发育不全、尿道脱垂、直肠尿道瘘、尿结石（胱氨酸）、隐睾症、难产、阴道增生/脱垂	倒睫、气管发育不全、短鼻综合征、髋关节发育不良、膝关节脱位、毛囊虫症、口鼻部毛囊炎

（续表）

犬种	高发疾病	高发且常见疾病
牛头梗 Bull Terrier	主动脉瓣狭窄、二尖瓣发育不全、足部皮炎、肢端皮炎、跗关节分离性骨软骨炎、肥大细胞瘤、先天性失聪、逐尾（部分复杂性癫痫）、眼睑外翻、干眼症、晶状体脱位、第三眼睑腺体脱出、遗传性肾病	特应性皮炎、全骨炎、膝关节脱位

犬C：

犬种	高发疾病	高发且常见疾病
吉娃娃 Chihuahua	肺动脉瓣狭窄、肛门腺疾病、黑色素瘤、寰枢椎半脱位、脑积水、角膜营养不良、青光眼、晶状体脱位、尿结石(胱氨酸)、隐睾症、难产、子痫症	二尖瓣黏液样变性、特应性皮炎、皮屑芽孢菌性皮炎、桡尺骨远端骨折、膝关节脱位、气管塌陷
沙皮犬 Chinese shar pei	原发性黏蛋白增多症、脂溢性皮炎、先天自发性巨结肠症、淀粉样变性、横膈疝、浆细胞淋巴细胞性肠炎、腕松弛、肘关节发育不全、肥大细胞瘤、青光眼、晶状体脱位、第三眼睑腺体脱出、短鼻犬综合征	特应性皮炎、毛囊虫症、间擦疹、髋关节发育不良、全骨炎、膝关节脱位、眼睑内翻

（续表）

犬种	高发疾病	高发且常见疾病
松狮犬 Chow Chow	眼色素层皮肤综合征、剃毛后秃毛、甲状腺机能减退、胰腺外分泌功能不全、前十字韧带断裂、肘关节发育不全、肌强直、黑色素瘤、脑积水、白内障、眼睑外翻/内翻、青光眼	髋关节发育不良、全骨炎、膝关节脱位、瞳孔残膜
可卡犬 Cocker Spaniel	动脉导管未闭、扩张性心肌病、二尖瓣黏液样变性、病窦综合征、肛门腺疾病、脂溢性皮炎、库欣综合征、甲状腺机能减退、慢性肝炎、口咽部肿瘤、胰腺炎、凝血功能异常、肛门腺癌、耵聍腺瘤、皮肤淋巴细胞瘤、浆细胞瘤、纤维肉瘤、黑色素瘤、肛周腺瘤、自发性面神经麻痹、白内障、角膜营养不良、眼睑外翻/内翻、泛发性进行性视网膜萎缩症、青光眼、干眼症、泪溢、瞳孔残膜、第三眼睑腺体脱出、视网膜疾病、家族性肾病、尿结石（硅石、磷酸铵镁）、难产	特应性皮炎、皮屑芽孢菌性皮肤炎、免疫性溶血性贫血、免疫性血小板减少症、膝关节脱位、毛胚瘤、癫痫、椎间盘疾病、倒睫、子宫蓄脓
柯利牧羊犬 Collies	皮肌炎、自发性溃疡性皮肤病、天疱疮、胰腺分泌不足、胃扩张/扭转、胰腺炎、腕松弛、鼻腔肿瘤、眼睛先天异常、眼睑内翻、泛发性进行性视网膜萎缩症、结节状肉芽肿性巩膜角膜炎、视网膜疾病、淀粉样变性	皮屑芽孢菌性皮肤炎、MDR1基因突变、会阴疝、恶性皮肤周边神经鞘膜瘤、癫痫、子宫蓄脓

犬 D：

犬种	高发疾病	高发且常见疾病
腊肠犬 Dachshund	幼年性蜂窝性组织炎、色素稀释性脱毛症、足部皮炎、脂溢性皮炎、糖尿病、库欣综合征、甲状腺机能减退、股骨头坏死、会阴疝、足内翻、肛门腺癌、耵聍腺瘤、肥大细胞瘤、鳞状上皮细胞癌、猝倒症、嗜睡症、白内障、慢性浅表性角膜炎、眼睛先天异常、角膜营养不良、泛发性进行性视网膜萎缩症、青光眼、视网膜剥离、浅层点状角膜病变、尿结石（胱氨酸）、隐睾症、难产	二尖瓣疾病、脓皮症、皮屑芽孢菌性皮炎、出血性肠炎、免疫性血小板减少症、原发性癫痫、椎间盘疾病、倒睫、瞳孔残膜
大麦町犬 Dalmatian	足部皮炎、慢性肝炎、血管肉瘤、先天失聪（皮肤白色斑点）、慢性浅表性角膜炎、类皮瘤、眼睑内翻、青光眼、遗传性肾病、尿结石（尿酸）、喉痉挛	特应性皮炎、全骨炎、骨软骨病
杜宾犬 Dobermann	色素稀释性脱毛症、吸吮侧身（强迫行为）、肢端舔舐性皮炎、脂溢性皮炎、甲状腺机能减退、慢性肝炎、胃扩张/扭转、腕松弛、纤维肉瘤、脂肪瘤、黑色素瘤、黏液肉瘤、杜宾舞蹈症、脑瘤、多重眼睛缺损、遗传性肾病、尿道括约肌功能不全	扩张性心肌病、Callus dermatitis、毛囊虫症、口鼻部毛囊炎、凝血功能异常、全骨炎、颈椎畸形

犬F：

犬种	高发疾病	高发且常见疾病
法国斗牛犬 French Bulldog	组织细胞性溃疡性结肠炎、白内障、眼睑内翻、尿结石（胱氨酸）、难产	倒睫、短鼻犬综合征

犬G：

犬种	高发疾病	高发且常见疾病
德国牧羊犬 German Shepherd Dog	主动脉瓣狭窄、二尖瓣发育不全、三尖瓣发育不全、血管环异常、心室异位搏动、肢端舔舐性皮炎、自发性慢性溃疡性眼睑炎、红斑型天疱疮、足部皮炎、脂溢性皮炎、MDR1基因突变、库欣综合征、巨食道症、肛周瘘管、嗜酸细胞性肠胃炎、胰腺外分泌功能不全、胃扩张／扭转、浆细胞淋巴细胞性肠炎、凝血功能异常、肘关节发育不全、半腱肌肌病、膝关节骨软骨病、咀嚼肌肌病、肛门腺癌、耵聍腺瘤、血管肉瘤、黑色素瘤、鼻腔肿瘤、椎体转化变异、白内障、慢性浅表性角膜炎、角膜营养不良、第三眼睑T型软骨外翻、子宫平滑肌瘤、遗传性肾病、尿结石（硅石）、隐睾症	特应性皮炎、毛囊虫症、脓皮症、皮屑芽孢菌皮炎、化脓性创伤性皮炎、髋关节发育不良、全骨炎、肩关节骨软骨病、退行性脊髓神经病、癫痫、椎间盘疾病、睾丸肿瘤

173

（续表）

犬种	高发疾病	高发且常见疾病
黄金猎犬 （金毛寻回犬） Golden Retriever	主动脉瓣狭窄、心包积液、牛磺酸缺乏症、扩张性心肌病、肢端舔舐性皮炎、幼年性蜂窝性组织炎、足部皮炎、对称性类狼疮甲变形症、甲状腺机能减退、甲状腺肿瘤、巨食道症、先天性肝门静脉分流、凝血功能异常、肩关节骨软骨病、膝关节骨软骨病、软骨肉瘤、血管肉瘤、淋巴瘤、纤维肉瘤、恶性周边神经鞘膜瘤、肥大细胞瘤、黑色素瘤、口咽部肿瘤、霍纳氏综合征、脑瘤、白内障、眼睑外翻/内翻、泛发性进行性视网膜萎缩症、青光眼、泪溢、多重眼球缺陷、色素性葡萄膜炎、葡萄膜囊肿、遗传性肾病、尿结石（硅石）	特应性皮炎、化脓性创伤性皮炎、肘关节发育不全、髋关节发育不良、癫痫、倒睫、子宫蓄脓
大丹犬 Great Dane	主动脉瓣狭窄、二尖瓣发育不全、三尖瓣发育不全、肢端舔舐性皮炎、足部皮炎、甲状腺机能减退、巨食道症、胃扩张/扭转、膝关节骨软骨病、骨肉瘤、颈椎畸形、眼睑外翻/内翻、第三眼睑T型软骨外翻、青光眼、多重眼睛缺损、葡萄膜囊肿	扩张性心肌病、Callus dermatitis、毛囊虫症、口鼻部毛囊炎、髋关节发育不良、全骨炎、肩关节骨软骨病
大白熊犬 Great Pyrenean	三尖瓣发育不全、汗腺肿瘤、眼睑内翻	膝关节脱位、肩关节骨软骨病、毛胚瘤

犬 J：

犬种	高发疾病	高发且常见疾病
杰克罗素梗 Jack Russell Terrier	皮霉菌感染、库欣综合征、先天性肝门静脉分流、凝血功能异常、白内障、青光眼、晶状体脱位、肺纤维化	皮屑芽孢菌皮炎
日本狆 Japanese Chin	寰枢椎半脱位、白内障、眼睑内翻、慢性角膜炎	膝关节脱位

犬 L：

犬种	高发疾病	高发且常见疾病
拉布拉多猎犬 Labrador Retriever	心包积液、肢端舔舐性皮炎、幼年性蜂窝性组织炎、落叶型天疱疮、足部皮炎、脂溢性皮炎、对称性类狼疮甲变形症、库欣综合征、慢性肝炎、巨食道症、先天性肝门静脉分流、凝血功能异常、前十字韧带断裂、肘关节发育不全、跗关节分离性骨软骨炎、血管肉瘤、脂肪瘤、肥大细胞瘤、黑色素瘤、黏液肉瘤、鳞状上皮细胞癌、白内障、眼睑外翻、泛发性进行性视网膜萎缩症、青光眼、葡萄膜囊肿、尿结石（硅石）	特应性皮炎、化脓性创伤性毛囊炎、髋关节发育不良、全骨炎、膝关节脱位、肩关节骨软骨病、癫痫、喉痉挛

犬 M：

犬种	高发疾病	高发且常见疾病
马尔济斯犬 Maltese	动脉导管未闭、肥厚性幽门狭窄、先天性肝门静脉分流、凝血功能异常、脑积水、白内障、眼睑内翻、泛发性进行性视网膜萎缩症、青光眼、隐睾症、免疫性溶血性贫血	二尖瓣黏液样变性、皮屑芽孢菌性皮炎、膝关节脱位
迷你杜宾犬 Miniature Pinscher	色素稀释性脱毛、糖尿病、白内障、角膜营养不良、泛发性进行性视网膜萎缩症、产后瘫痪症、尿结石（胱氨酸）	免疫性溶血性贫血、膝关节脱位

犬 O：

犬种	高发疾病	高发且常见疾病
英国古代牧羊犬 Old English Sheepdog	扩张性心肌病、毛囊虫症、MDR1基因突变、先天性肝门静脉分流、泛发性进行性视网膜萎缩症、多重眼球缺损、尿道括约肌功能不全、尿结石（硅石）、隐睾症	免疫性溶血性贫血、免疫性血小板减少症、髋关节发育不良、会阴疝、肩关节骨软骨病、表皮内角化上皮瘤

犬 P：

犬种	高发疾病	高发且常见疾病
京巴犬 Pekingese	足部皮炎、肥厚性幽门狭窄、出血性肠炎、耵聍腺瘤、肛周腺瘤、寰枢椎半脱位、白内障、眼睑内翻、泛发性进行性视网膜萎缩症、青光眼、干眼症、色素性角膜炎、第三眼睑腺体脱出、隐睾症、难产、	二尖瓣黏液样变性、间擦疹、膝关节脱位、会阴疝、椎间盘疾病、倒睫、睾丸肿瘤、短鼻综合征
博美犬 Pomeranian	病窦综合征、后天生长激素缺乏皮病、甲状腺机能减退、肘关节发育不全、寰枢椎半脱位、脑积水、白内障、眼睑内翻、隐睾症、难产、产后瘫痪	膝关节脱位、气管塌陷
巴哥犬 Pug	间擦疹、糖尿病、先天性肝门静脉分流、肥大细胞瘤、白内障、眼睑内翻、干眼症、色素性角膜炎、难产、肺叶扭转	特应性皮炎、膝关节脱位、倒睫、短鼻综合征、气管塌陷、髋关节发育不良、全骨炎

犬R：

犬种	高发疾病	高发且常见疾病
罗威纳犬 Rottweiler	主动脉瓣狭窄、对称性类狼疮甲变形、嗜酸细胞性肠胃炎、腕松弛、前十字韧带断裂、跗关节分离性骨软骨炎、膝关节骨软骨病、淋巴瘤、黑色素瘤、骨肉瘤、鳞状上皮细胞癌、白内障、眼睑内翻、泛发性进行性视网膜萎缩症、多重眼球缺损、视网膜剥离、尿道括约肌功能不全	扩张性心肌病、化脓性创伤性毛囊炎、口鼻部毛囊炎、肘关节发育不全、髋关节发育不良、肩关节骨软骨病、子宫蓄脓

犬S：

犬种	高发疾病	高发且常见疾病
雪纳瑞犬 Schnauzer	动脉导管未闭、肺动脉狭窄、对称性类狼疮甲变形症、糖尿病、库欣综合征、甲状腺机能减退、巨食道症、先天性肝门静脉分流、胰腺炎、凝血功能异常、脂肪瘤、黑色素瘤、白内障、泛发性进行性视网膜萎缩症、青光眼、干眼症、晶状体脱位、尿结石(草酸钙/磷酸铵镁/尿酸)、隐睾症、缪勒氏管永存综合征	二尖瓣黏液样变性、病窦综合征、特应性皮炎、皮屑芽孢菌性皮肤炎、出血性肠炎、高脂血症、子宫蓄脓
柴犬 Shiba Inu	青光眼、乳糜胸	特应性皮炎

（续表）

犬种	高发疾病	高发且常见疾病
西施犬 Shih Tzu	库欣综合征、肥厚性幽门狭窄、先天性肝门静脉分流、凝血功能异常、耵聍腺瘤、肛周腺瘤/癌、白内障、眼睑内翻、泛发性进行性视网膜萎缩症、青光眼、干眼症、色素性角膜炎、产后瘫痪、遗传性肾病、尿结石（草酸钙/磷酸铵镁/硅石/尿酸）、气管塌陷	二尖瓣黏液样变性、特应性皮炎、皮屑芽孢菌性皮炎、膝关节脱位、椎间盘疾病、倒睫
西伯利亚 哈士奇犬 Siberian Husky	眼色素层皮肤综合征、剃毛后秃毛、锌反应性皮肤病、口腔嗜酸细胞性肉芽肿、肛门腺癌、肛周腺瘤/癌、退化性脊髓神经病变、白内障、慢性角膜炎、角膜营养不良、泛发性进行性视网膜萎缩症、青光眼、喉痉挛、原发性气胸	毛胚瘤、原发性癫痫

犬T：

犬种	高发疾病	高发且常见疾病
迷你/玩具 贵宾犬 Toy / Miniature Poodle	肛门腺疾病、后天生长激素缺乏皮肤病、糖尿病、股骨头坏死、寰枢椎半脱位、肉芽肿性脑膜炎、脑脊髓炎、脑积水、白内障、倒睫、眼睑内翻、泛发性进行性视网膜萎缩症、青光眼、多重眼球缺损、尿结石（草酸钙/磷酸铵镁）、隐睾症、难产、产后瘫痪、气管塌陷	二尖瓣黏液样变性、皮屑芽孢菌性皮炎、出血性肠炎、免疫性血小板减少症、免疫性溶血性贫血症、桡尺骨远端骨折、膝关节脱位、会阴疝、毛胚瘤、癫痫、椎间盘疾病、泪溢

犬 W ：

犬种	高发疾病	高发且常见疾病
威玛犬 Weimaraner	横膈膜心包疝、三尖瓣发育不全、足部皮炎、胃扩张/扭转、口咽部肿瘤、全骨炎、肥大细胞瘤、角膜营养不良、眼睑内翻、第三眼睑 T 型软骨外翻、尿道括约肌功能不全	毛囊虫症、皮屑芽孢菌性皮炎、口鼻部毛囊炎、倒睫、睾丸肿瘤
威尔士柯基犬 Welsh corgi Pembroke	退化性脊髓神经病变、白内障、泛发性进行性视网膜萎缩症、视网膜疾病、尿结石（胱氨酸）、难产	会阴疝、瞳孔残膜
西高地白梗 West Highland White Terrier	肺动脉瓣狭窄、病窦综合征、心室中隔缺损、脂溢性皮炎、慢性肝炎、丙酮酸激酶缺乏症、股骨头坏死、白内障、干眼症、多重眼球缺损、肺纤维化	特应性皮炎、毛囊虫症、皮屑芽孢菌性皮炎、膝关节脱位、瞳孔残膜

犬 Y ：

犬种	高发疾病	高发且常见疾病
约克夏梗 Yorkshire Terrier	动脉导管未闭、皮霉菌、库欣综合征、先天性肝门静脉分流、胰腺炎、股骨头坏死、寰枢椎半脱位、脑积水、白内障、角膜营养不良、泛发性进行性视网膜萎缩症、干眼症、尿结石(草酸钙/磷酸铵镁/尿酸)、隐睾症、难产	二尖瓣黏液样变性、特应性皮炎、出血性肠炎、桡尺骨远端骨折、膝关节脱位、气管塌陷

猫的品种高发疾病

猫种	高发疾病	高发且常见疾病
阿比西尼亚猫 Abyssinian	淀粉样变性、丙酮酸激酶缺乏症、传染性腹膜炎、尿路感染、膝关节脱位、感觉过敏综合征、进行性视网膜萎缩症	鼻咽部息肉
美国短毛猫 American Shorthair		肥厚型心肌病
伯曼猫 Birman	坏死性角膜炎	
英国短毛猫 British Shorthair	传染性腹膜炎、尿结石（草酸钙）	肥厚型心肌病
短毛家猫 Domestic Shorthair	甲基血红素还原酶缺乏症、丙酮酸激酶缺乏症、纤维瘤、耵聍腺瘤、尿结石（磷酸铵镁）、鳞状上皮细胞癌	肥厚型心肌病、鼻咽部息肉
异国短毛猫（加菲猫）Exotic Shorthair	多发性肾囊肿、尿结石（草酸钙）	
喜马拉雅猫 Himalaya Longhair	横膈膜心包疝、脸部间擦疹、甲状腺功能亢进症、先天性肝门静脉分流、传染性腹膜炎、感觉过敏综合征、坏死性角膜炎、尿结石（草酸钙／磷酸铵镁）、隐睾症、短鼻上吸呼道综合征	皮霉菌、鼻咽部息肉

（续表）

猫种	高发疾病	高发且常见疾病
缅因猫 Maine Coon	髋关节发育不良、皮肤血管瘤	肥厚型心肌病
波斯猫 Persian	横隔膜心包疝、脸部间擦疹、先天性肝门静脉分流、多发性肝/肾囊肿、基底细胞瘤、白内障、眼睑缺损、坏死性角膜炎、眼睑内翻、进行性视网膜萎缩症、原发性膀胱炎、尿结石（草酸钙）、隐睾症、难产、死产/新生儿死亡	肥厚型心肌病、皮霉菌、泪溢、鼻咽部息肉
布偶猫 Ragdoll	传染性腹膜炎、基底细胞瘤、尿结石（草酸钙/磷酸铵镁）	肥厚型心肌病
俄罗斯蓝猫 Russian Blue	尿结石	
苏格兰折耳猫 Scottish Fold	关节病、尿结石（草酸钙）	
暹罗猫 Siamese	食物过敏、精神性脱毛症、甲状腺功能亢进症、淀粉样变性、腭裂、肠道息肉、巨食道症、小肠腺癌、基底细胞瘤、肥大细胞瘤、淋巴癌、乳腺肿瘤、鼻腔肿瘤、感觉过敏综合征、脑积水、坏死性角膜炎、晶状体脱位、进行性视网膜萎缩症、尿结石(草酸钙/磷酸铵镁/尿酸)、难产、气喘、乳糜胸	

怎么做,
你家猫狗
不生病?
CATS & DOGS
NOT GET SICK

图书在版编目（CIP）数据

怎么做，你家猫狗不生病？／蔡逸政，蔡维中著.
—南京：江苏凤凰文艺出版社，2017.10
ISBN 978-7-5594-1028-3

Ⅰ.①怎… Ⅱ.①蔡… ②蔡… Ⅲ.①宠物－动物疾
病－防治 Ⅳ.①S858.93

中国版本图书馆CIP数据核字（2017）第208376号

书　　　名	怎么做，你家猫狗不生病？
著　　　者	蔡逸政　蔡维中
责 任 编 辑	孙金荣
策 划 编 辑	贺　楠
特 约 编 辑	张凤莲
文 字 校 对	郭慧红
版 权 支 持	张晓阳
版 面 设 计	王超男
版 面 设 计	李　亚
出 版 发 行	江苏凤凰文艺出版社
出版社地址	南京市中央路165号，邮编：210009
出版社网址	http://www.jswenyi.com
印　　　刷	北京市雅迪彩色印刷有限公司
开　　　本	880毫米×1230毫米　1/32
印　　　张	6.25
字　　　数	145千字
版　　　次	2017年10月第1版　2017年10月第1次印刷
标 准 书 号	ISBN 978-7-5594-1028-3
定　　　价	45.00元

FONGHONG
凤凰联动出品